专项职业能力考核培训教材

中式烹饪基础

人力资源社会保障部教材办公室　组织编写

主　编：龚　松
副主编：彭　军
主　审：严惠琴

中国劳动社会保障出版社

图书在版编目(CIP)数据

中式烹饪基础 / 人力资源社会保障部教材办公室组织编写. -- 北京：中国劳动社会保障出版社，2022
专项职业能力考核培训教材
ISBN 978-7-5167-5629-4

Ⅰ.①中… Ⅱ.①人… Ⅲ.①中式菜肴–烹饪–方法–职业培训–教材 Ⅳ.①TS972.117

中国版本图书馆 CIP 数据核字（2022）第 237938 号

中国劳动社会保障出版社出版发行

（北京市惠新东街 1 号 邮政编码：100029）

*

北京市白帆印务有限公司印刷装订　　新华书店经销

787 毫米×1092 毫米　16 开本　11.5 印张　169 千字
2022 年 12 月第 1 版　2022 年 12 月第 1 次印刷
定价：46.00 元

营销中心电话：400-606-6496
出版社网址：http://www.class.com.cn

版权专有　　侵权必究

如有印装差错，请与本社联系调换：（010）81211666
我社将与版权执法机关配合，大力打击盗印、销售和使用盗版图书活动，敬请广大读者协助举报，经查实将给予举报者奖励。
举报电话：（010）64954652

前 言

职业技能培训是全面提升劳动者就业创业能力、促进充分就业、提高就业质量的根本举措，是适应经济发展新常态、培育经济发展新动能、推进供给侧结构性改革的内在要求，对推动大众创业万众创新、推进制造强国建设、推动经济高质量发展具有重要意义。

为了加强职业技能培训，《国务院关于推行终身职业技能培训制度的意见》（国发〔2018〕11号）、《人力资源社会保障部 教育部 发展改革委 财政部关于印发"十四五"职业技能培训规划的通知》（人社部发〔2021〕102号）提出，要完善多元化评价方式，促进评价结果有机衔接，健全以职业资格评价、职业技能等级认定和专项职业能力考核等为主要内容的技能人才评价制度；要鼓励地方紧密结合乡村振兴、特色产业和非物质文化遗产传承项目等，组织开发专项职业能力考核项目。

专项职业能力是可就业的最小技能单元，劳动者经过培训掌握了专项职业能力后，意味着可以胜任相应岗位的工作。专项职业能力考核是对劳动者是否掌握专项职业能力所做出的客观评价，通过考核的人员可获得专项职业能力证书。

为配合专项职业能力考核工作，人力资源社会保障部教材办公室组织有关方面的专家编写了这套专项职业能力考核培训教材。该套教材严格按照专项职业能力考核规范编写，教材内容充分反映了专项职业能力考核规范中的核心知识点与技能点，较好地体现了适用性、先进性与前瞻性。教材编写过程中，我们还专门聘请了相关行业和考核培训方面的专家参与教材的编审工作，保证了教材内容的科学性及与考核规范、题库的紧密衔接。

专项职业能力考核培训教材突出了适应职业技能培训的特色，不但有助于读者通过考核，而且有助于读者真正掌握专项职业能力的知识与技能。

本教材在编写过程中得到上海市职业技能鉴定中心、上海市餐饮烹饪行业协会等单位的大力支持与协助，在此一并表示衷心感谢。

教材编写是一项探索性工作，由于时间紧迫，不足之处在所难免，欢迎各使用单位及个人对教材提出宝贵意见和建议，以便教材修订时补充更正。

人力资源社会保障部教材办公室

目 录

项目 1　烹饪基础知识　001
　学习单元 1　烹饪与烹调　002
　学习单元 2　中国烹饪简史　005
　学习单元 3　食品安全与营养　008
　学习单元 4　烹饪安全生产　012
　练习与检测　016

项目 2　原料加工　018
　学习单元 1　原料的类别　019
　学习单元 2　原料的特性　023
　学习单元 3　原料鉴别　028
　学习单元 4　原料宰杀　031
　学习单元 5　分档取料　038
　学习单元 6　原料成形　042
　操作技能　050
　　分档取料　050
　　　青鱼分档取料　050
　　　鸡分档取料　052
　　　鸭分档取料　055
　　　划鳝背　057
　　　划鳝丝　059

　　刀工成形　060
　　　切肉丝　060
　　　切姜丝　062
　　　切土豆丝　063
　　　批姜片　065
　　刀工美化　066
　　　剞鱿鱼卷　066
　练习与检测　068

项目 3　冷盘制作　070
　学习单元 1　冷盘基础　071
　学习单元 2　冷盘原料　073
　学习单元 3　冷盘原料刀工成形　076
　学习单元 4　冷盘拼摆　078
　学习单元 5　双拼冷盘　085
　操作技能　087
　　单拼　087
　　　黄瓜螺旋形单拼　087
　　　白斩鸡馒头形单拼　089
　　　方腿桥形单拼　091
　　　卤牛肉桥形单拼　093

	蛋糕桥形单拼	094		宫保鸡丁	134
	双拼	096		青椒肉丝	137
	方腿、素火腿双拼	096		银芽肉丝	139
	蛋糕、黄瓜双拼	098		回锅肉	141
	卤牛肉、白斩鸡双拼	099		**烧类菜肴**	143
	酱鸭、白切肉双拼	101		家常豆腐	143
	方腿、蛋糕双拼	103		虾仁豆腐	145
	练习与检测	105		响油鳝糊	147
				麻婆豆腐	149
项目4	**热菜制作**	107		红烧肚裆	151
	学习单元1 翻锅与火候	108		**炸类菜肴**	153
	学习单元2 勾芡	114		椒盐排条	153
	学习单元3 糊粉处理与调味			香炸凤翼	155
		117		咕咾肉	157
	学习单元4 炒类菜肴的烹调			糖醋鱼块	160
	方法	124		芝麻鱼条	162
	学习单元5 烧类菜肴的烹调			**汤类菜肴**	164
	方法	127		成都蛋汤	164
	学习单元6 炸类菜肴的烹调			三片汤	166
	方法	128		榨菜肉丝汤	168
	学习单元7 汤类菜肴的烹调			酸辣汤	171
	方法	130		肉丝豆腐羹	173
	操作技能	132		练习与检测	176
	炒类菜肴	132			
	鱼香肉丝	132			

项目 1　烹饪基础知识

学习导入

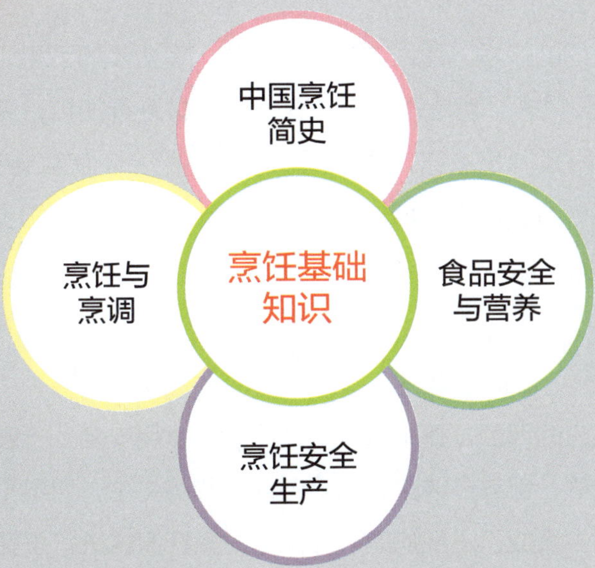

- 中国烹饪简史
- 烹饪与烹调
- 烹饪基础知识
- 食品安全与营养
- 烹饪安全生产

烹调
烹
调

烹饪安全生产
食品原料安全
厨房生产和人员安全

学习单元 1

烹饪与烹调

 学习目标

1. 了解烹饪与烹调的区别
2. 熟悉烹与调的作用

一、烹饪与烹调的概念

1. 烹饪的概念

相较于烹调，烹饪的概念范畴更为广泛。烹饪包括生食加工和由生到熟的加工过程中的所有环节。传统饮食业的生产加工分为"红案"（菜肴制作）和"白案"（面点制作），这两者和冷盘制作一起构成烹饪技术。

2. 烹调的概念

烹调是菜肴制作中一项专门的技术，是通过加热和调味，将初步加工和切配好的烹饪原料做成菜肴的过程。"烹"就是通过传热介质对食材进行加热，使之达到可食用的成熟度；"调"就是调和滋味，通过调料的适当配合，使菜肴色、香、味俱全。烹调是烹和调的结合，是用各种加热手段和调味方法将经过初步加工、切配的烹饪原料制作成菜的技术。

二、烹的作用

1. 杀菌消毒

加热能杀死生的烹饪原料内的细菌、寄生虫等，从而确保食用安全。一般来说，生的烹饪原料不论多么新鲜，都或多或少地带有致病菌和寄生虫，如果不进行杀菌消毒，很容易导致食物中毒或引发疾病等。加热是对烹饪原料进行杀菌消毒的有效方法。烹饪原料中的病虫菌需要在 80～100 ℃甚至更高的温度下才能被杀死。在烹饪时，要从杀菌消毒的角度考虑各个环节。

例如，鱼、肉等烹饪原料是热的不良导体，若刀工处理时切的块较大而加热时间不足，则会导致烹饪原料表面温度较高而内部温度较低，深藏在内部的病虫菌不能被全部杀死，因此，对于此类烹饪原料，加热时间要适当延长，原料体积要适当减小，以保证原料内部的病虫菌能被全部杀死。

2. 分解养料

烹能促进烹饪原料中的营养成分分解，减轻人体消化负担，提高食物消化率。凡是烹饪原料都含有一定的营养成分，食物中的营养成分大多需要经过分解才能被人体吸收。烹饪原料大多要通过加热才可食用。经过高温处理，烹饪原料发生复杂的物理变化和化学变化，其营养成分得到初步分解。

例如，淀粉遇热可发生糊化，从而利于自身分解；蛋白质遇热可变性凝固，变性后的蛋白质易于分解成氨基酸，从而利于人体吸收；脂肪加热后可水解成脂肪酸和甘油等。

3. 使食物香味四溢

生肉、生鱼、生鸡等往往有腥膻味，经过一段时间的加热，其内部含有的醇、酯、酚等有机物会散发出来，形成香味。蔬菜、谷物等也是如此。

4. 调节色泽，增加美感

烹可使烹饪原料色泽、形态更加美观。例如，加热后，绿叶菜会变得更加碧绿，鱼片会变得更加洁白，虾会呈现鲜红色彩等。还有些原料如鱿鱼、腰子等经花刀处理后，加热后会呈现优美的形态，给人以美的享受。

5. 调和滋味

烹能使单一味道转化成复合美味，促进食欲。生的烹饪原料都有各自特殊的味道，有的味道不符合人的口味要求。通过烹制，烹饪原料之间、调味品之间、烹饪原料和调味品之间互相影响，从而能去除腥膻味或使多种单一味道融合成人们所喜欢的复合美味，促进人的食欲。例如，牛肉炖萝卜这道菜肴经过烹调后，牛肉会有萝卜味，萝卜会有牛肉味。

6. 调配汁液

在加热的过程中，烹饪原料（主料、辅料）中的一部分水分溢出蒸发，使原料变为不饱和状态，继而使得鲜汤和调味品很容易渗透进主料、辅料内，使菜肴口味更加鲜美。当然，要科学地掌握鲜汤和调味品在菜肴制作过程中的添加时机。

三、调的作用

1. 去腥解腻(除异味)

有些原料如牛肉、羊肉、猪肉及各种水产品等往往有较重的腥味,肉类原料还有较多的脂肪,这些均不符合人们的口味要求。通过加热,可去除一部分异味,但往往不能除尽,这时就必须借助一些调味品(如葱、姜、蒜、酒、醋、盐、糖、香料等)或配合一些其他原料(如西芹、香菜等)来去腥解腻。

> ■ 配料安排得当也可起到去腥解腻的作用,如羊肉烧胡萝卜,胡萝卜就可去除羊肉的腥膻味。

2. 调和滋味(增美味)

有些原料的滋味(一般为某种特殊滋味)很重,为了适当地淡化这部分滋味,需要加入一些调味品或搭配些清淡的原料。例如,辣椒的辣味很重,在炒辣椒时可加酒、盐、酱油等调味品,或搭配清淡的豆腐干等,以减轻辣味。

有些原料的滋味很淡,甚至几乎没有味道,烹制时就必须加入调味品或配以味重的原料,以丰富滋味。例如,豆腐、土豆、粉皮、萝卜等原料滋味很淡,在烹制时可适当加入葱、姜、糖、醋、鲜汤、酱油等,或搭配鱼、肉等味重的原料,增加其滋味;鱼翅、海参、燕窝等原料基本上没有味道,在烹制时一般要加入鸡汤或其他鲜汤,使鲜味物质浸入其内部,以增加其滋味。

3. 确定口味(定口味)

一道菜肴最终是什么滋味主要由调味品决定。对同一种原料加不同的调味品会烹制出不同味道的菜肴。例如,排骨加糖、醋可制成酸甜的糖醋排骨,加椒盐可制成咸香的椒盐排骨;鸡肉以桂皮、茴香为主进行调味可制成五香扒鸡,以咖喱为主进行调味可制成咖喱鸡,以牛奶为主进行调味可制成雪衣鸡,以辣椒油、芝麻酱、花椒粉、糖、醋、酱油等进行调味可制成怪味鸡。

4. 增加色彩(添色彩)

应用调味品不仅可以增减菜肴的滋味,还可以增添菜肴的色彩,使其色泽调和得宜,鲜艳美观。例如,用红酱油或发酵有色酱调味可使菜肴色泽红艳,用红腐乳汁调味可使菜肴呈玫瑰色,用红糖调味可使菜肴呈红棕色,用咖喱调味可使菜肴呈淡黄色。

学习单元 2

中国烹饪简史

学习目标
1. 了解烹调的起源
2. 熟悉中国烹饪的发展沿革

一、烹调的起源

1. 烹的起源

人类的祖先进化为原始人后,长期过着茹毛饮血的生活。原始森林常因雷电而起火,原始人在偶然的机会下食用一些因没有及时逃脱而被大火烧熟的野兽尸体,发现其滋味比生食的肉更美味。这样的事件重复多次后,人们渐渐会利用火来烧熟食物,也发明了钻木取火,因此可以说烹起源于火的发现。

2. 调的起源

人们一开始制作熟食仅仅是把食物由生变熟而已,还没有进行调味。直至某一天,生活在海边的原始人发现,当海水退潮时,海滩上有鱼、虾等海鲜的尸体,太阳出来后,海滩上有薄薄的一层白色晶体,把沾有白色晶体的鱼、虾烧熟后,滋味大大地改善了,这使原始人懂得这些白色晶体具有让食物更美味的作用。这些原始人便开始收集白色晶体,进而发明了烧煮海水以提取海盐的方法,于是最简单的调味就开始了,因此可以说调起源于盐的使用。

二、中国烹饪的发展沿革

1. 周秦时期

周秦时期以谷物为主食,是我国饮食文化的形成时期。此时期,基本的谷物、蔬菜几乎都有了,不过结构上与现在相比有很大的不同,当时主要的粮食作物有:

- 稷（小米）,又称谷子,长期占据主导地位,为五谷之尊,稷之精品又称黄粱;
- 黍,仅次于稷的大黄黏米;

- 麦，即大麦；
- 菽，指豆类，是老百姓的主要食物。

周秦时期已有稻。在古代，稻相当于现在的糯米，普通稻称为粳秫。稻属于细粮，因稀有而珍贵，一般只有王室成员、贵族、士大夫才能享用。

周秦时期谷物主食地位的确立为饮食文化的蓬勃发展奠定了基础。

2. 汉代

到了汉代，我国饮食文化被极大地丰富了，这主要归功于与西域饮食文化的交流。甜瓜、石榴、葡萄、芝麻、西瓜、黄瓜、菠菜、胡萝卜、茴香、芹菜、胡桃（核桃）、胡豆（蚕豆）、扁豆、莴笋、大葱、大蒜等均为这一时期的引进物。一些烹调方法也随之传入我国。

此外，西汉淮南王刘安发明了豆腐，使大豆的营养得以被人类充分消化吸收，也为多种菜肴提供了美味原料。到东汉时期，植物油被发明出来，丰富了人们的味觉体验。

3. 唐宋时期

我国饮食文化发展的高峰出现在唐宋时期。"素蒸声音部，罔川图小样"描述的是历史上知名的烧尾宴。所谓烧尾宴，是新官上任或官员升迁时招待前来恭贺的亲朋同僚的宴席，在唐代长安城曾盛行一时。陶谷的《清异录》就记载了唐代最著名的一次烧尾宴。从对烧尾宴的历史记载中可以看出，唐宋时期的菜品不仅精致，还被赋予了丰富的文化内涵。

> ■ "素蒸声音部"形容在宴席上用来供人观赏的工艺菜，其用素菜和蒸面做成一群蓬莱仙子般的"歌女""舞女"，共有 70 件左右。"罔川图小样"中的"罔川"又作"辋川"，指唐代田园诗人王维的辋川别墅。据记载，有一位厨师制作了 20 个冷盘，各似一景，将其集中在一起就构成一幅《辋川图》（王维所作壁画）小样。

4. 明清时期

明清时期，饮食文化发展迎来又一高峰。此时期的饮食在继承唐宋饮食风俗的同时又融合了满蒙的民族特色，在结构上有了较大的变化。在主食方面，豆类从主食变为菜肴原料，北方黄河流域种植小麦的比例大幅增加，面成为北方的主食。明代郑和下西洋后，大规模引进马铃薯、甘薯，蔬菜的种植量和种植技术达到历史较高水平。人工圈养的畜、禽成为此时荤食的主要来源。

5. 民国

民国是文化碰撞、社会变革较为激烈的时期。在文化、社会、政治等因素及饮食行业本身的影响下，饮食文化在这一时期发生了多方面的变化。在大城市中，传统的饮食仍是主流，但同时也开始流行吃西餐，出现了很多西餐馆、咖啡厅、面包房等。在东、西方文化的交流下，饮食文化经历了融合、扬弃，出现国际化等趋势。

学习单元 3

食品安全与营养

学习目标

1. 了解食品安全
2. 了解食品营养

一、食品安全

食品安全是指食品无毒、无害，符合应有的营养要求，对人体健康不造成任何急性、亚急性或慢性危害。世界卫生组织认为，食品安全问题是"食物中有毒、有害物质对人体健康影响的公共卫生问题"。食品安全也是一个专门探讨在食品加工、储存、销售等过程中确保食品卫生及食用安全，降低疾病隐患，防范食物中毒的跨学科领域。

要确保食品安全，一般要做好以下几个方面的工作。

1. 选购安全的食品

在选购食品时，要注意检查饭店和食品商店是否具备相关资质，查看包装食品和散装食品的标签是否规范。在选购熟食、卤菜、凉菜时，要检查店中相应的卫生设施、设备是否齐全，存放环境和容器是否符合卫生要求。

2. 烹调时要烧熟煮透

未经烧煮的食品通常带有病虫菌，加热时要保证食品所有部分的温度达到70 ℃以上。四季豆等豆类、豆浆由于含有红细胞凝集素和皂苷，会造成人体中毒，因此也要彻底加热制熟后才能食用。

3. 掌握食品食用时间

食用制熟后在常温下长时间存放的食品是极不安全的，因为烹调好的食物冷却后，微生物会开始大量地繁殖，繁殖到一定数量或繁殖过程中产生的毒素可致进食者中毒。

4. 避免生、熟食品交叉污染

刀、砧板等工具及盛装食品的容器要生、熟分开使用，在冰箱内存放食品时不要生、熟混放。

5. 彻底再加热隔顿、隔夜的熟食品

隔顿、隔夜的熟食品如存放于冰箱内，食用前必须彻底再加热，这样可以杀灭存储时增殖的微生物。

6. 保持清洁卫生

用来制作食品的工具、用具等必须保持清洁卫生，洗碗池必须定期进行清洁消毒，餐具清洁消毒后要注意保持洁净。

7. 避免害虫接触食品

食品保存的最好措施是将其储存于密闭容器中，以免害虫接触，使食物受到致病微生物污染。

8. 正确清洗蔬菜

由于蔬菜农药残留造成人食物中毒的情况仍然存在，因此前期处理蔬菜时应坚持采用"一洗、二浸、三冲"的方法，以去除残留于蔬菜中的农药。

二、食品营养

营养是人类维持生命和身体健康的重要因素。人体所需要的营养素包括糖类、脂肪、蛋白质、维生素、矿物质和水。宴席配菜最基本的要求就是菜肴原料多样化，对原料的种类和数量进行合理选择和科学搭配，其中重要的考量因素就是食物所含的营养素。

1. 糖类

糖类可分为以下三种：

- 单糖，如葡萄糖、果糖和半乳糖；
- 双糖，如蔗糖、麦芽糖和乳糖；
- 多糖，如淀粉、纤维素和糖原。

营养学上称糖类为碳水化合物。碳水化合物是组成人体的重要成分之一，是为人体提供热量的三大营养素（糖类、脂肪、蛋白质）中的主角，人体需要的能量60%~70%来自碳水化合物。人们膳食中的碳水化合物含量远远大于脂肪和蛋白质的含量。例如，粮食中就含有大量的淀粉。碳水化合物在人体内的热能转化不仅量多，而且速度快。脂肪和蛋白质在人体内的热能转化则相对量较少。

2. 脂肪

脂肪是组成人体的重要成分之一，也是机体供给和储存能量的主要物质。

脂肪俗称油脂，由甘油和脂肪酸组成。动物性油脂多含饱和脂肪酸，饱和脂肪酸会使胆固醇附着在血管壁上，引起心血管疾病。植物性油脂多含不饱和脂肪酸，不饱和脂肪酸能减少胆固醇在血管壁上的附着量，有维持心血管健康的作用。因此，不饱和脂肪酸具有很高的营养价值。

3. 蛋白质

蛋白质是生命的物质基础，人体所有的组织和器官主要由蛋白质构成，人体的一切生命活动都离不开蛋白质。蛋白质占成人体重的 18% 左右。

人体内的蛋白质由 20 多种氨基酸合成。这 20 多种氨基酸有的可在人体内合成或转化而来；有的不能在人体内合成或转化而来，必须由食物供给，称为必需氨基酸。必需氨基酸共 8 种，包括异亮氨酸、亮氨酸、赖氨酸、甲硫氨酸、苯丙氨酸、苏氨酸、色氨酸、缬氨酸。

4. 维生素

维生素是在 20 世纪初才被发现的营养素，是维持人的生命与健康所必需的有机化合物。人体对维生素的需要量很少，一天总共不超过 200 mg。

维生素的家族成员庞大。到目前为止，已发现的维生素有几十种，可分为脂溶性维生素和水溶性维生素两大类。人体如果缺乏某种维生素，就会发生代谢紊乱，引发维生素缺乏症，影响身体健康。维生素对人体的物质代谢起十分重要的作用，但并不是越多越好，如维生素 A、维生素 D 若摄入过多，也会严重影响身体健康。

5. 矿物质

矿物质是维持人体正常生理功能不可缺少的重要元素，其不能在人体内合成，必须通过膳食补充。人体内的矿物质约占体重的 4%，根据其在人体内的含量大致可分为常量元素和微量元素两大类。

6. 水

水是生命的源泉。水是人体内含量最多的一种化学物质，约占体重的 60%。

水是人体各种细胞和体液的重要组成部分，人体的许多生理活动一定要有水参与才能进行。水是运输媒介，可以将各种营养素直接或间接地运送到人体的各个组织器官，并将新陈代谢产生的废物和有毒、有害的物质通过消化系统、泌尿系统、呼吸系统等及时排出体外。水是人体的润滑剂，能使人体各组织器官灵活运动，使食物便于吞咽。水还有维持人体酸碱平衡、调节体温等重要作用。

相关链接

膳食纤维

食物中不被人体消化、吸收，不参加人体新陈代谢的非淀粉类多糖与木质素称为膳食纤维。有些研究认为，膳食纤维是人体第七大营养素。

膳食纤维具有控制热量、消脂减肥、排毒养颜、防治便秘、改善消化等功能，以及协助糖尿病、高脂血症患者治疗等作用。食物越精细，膳食纤维含量越低。营养调查表明，城市人口人均膳食纤维日摄入量远远低于我国营养组织推荐日摄入量。适度增加膳食纤维摄入量已成为改善生活质量、促进身体健康的重要饮食方法。

学习单元 4 烹饪安全生产

学习目标

1. 掌握食品原料安全
2. 掌握厨房生产和人员安全

一、食品原料安全

食品安全包括餐具安全和食品原料安全。餐具蒸煮消毒是预防食物中毒发生的有效措施之一。食品原料受自身和环境的影响，容易发生各种物理变化和化学变化，这会降低食品的营养价值，甚至会危害食客的健康。下面重点对食品原料安全进行阐述。

1. 植物原料安全

植物原料污染主要来自生产中的灌溉、施肥过程及寄生虫感染等，其感官评定标准见表 1-1。

表 1-1 植物原料的感官评定标准

评定项 \ 评定结果	新鲜	次新鲜	变质（不可食用）
色泽	光亮	较暗	暗淡，变色
气味	有清香	清香味减退	有异味甚至腐臭味
质感	鲜嫩，饱满，无黄叶、烂斑、伤痕、虫蛀现象	有老叶、枯叶，表皮干，略有烂斑、伤痕、虫蛀、空心现象	霉烂，有虫蛀现象，变味

- 变质的植物原料亚硝酸盐增多，不建议食用。

2. 禽类原料安全

禽类原料表面的细菌主要为单胞杆菌,条件适合时会大量繁殖,使肉发黏、发臭。禽类原料的感官评定标准见表 1-2。

表 1-2　禽类原料的感官评定标准

评定项 \ 评定结果	新鲜	一般
眼睛	眼球饱满,晶体清澈	眼球皱缩凹陷,晶体混浊
色泽	皮肤有光泽,因不同品种呈淡黄色、淡红色、灰白色等；肌肉切面光亮	皮肤色泽稍暗,肌肉切面湿润
黏度	外表微干或微湿润,不黏,新切面湿润但不黏	外表干燥或较黏,新切面湿润且黏
弹性	指压后,凹陷处立即恢复	指压后,凹陷处恢复较慢且不能完全恢复
气味	具有新鲜禽肉正常的气味	除腹腔内稍有氨气味,无其他异味
煮沸后的肉汤	透明清澈,脂肪聚于表面,具有香味	稍混浊,脂肪呈小滴状浮于表面,香味差或无鲜味

3. 畜类原料安全

畜类原料从宰杀开始,一般经过尸僵期、成熟期、自溶期和腐败期四个阶段。畜类原料的感官评定标准见表 1-3。

表 1-3　畜类原料的感官评定标准

评定项 \ 评定结果	新鲜	一般
色泽	肌肉呈粉红色或淡红色,有光泽,色泽自然均匀；脂肪洁白	肌肉色泽稍暗,脂肪缺少光泽
黏度	外表微干或微湿润,不黏,新切面湿润但不黏	外表干燥或较黏,新切面湿润且黏

续表

评定项 \ 评定结果	新鲜	一般
弹性	指压后，凹陷处立即恢复	指压后，凹陷处恢复较慢且不能完全恢复
气味	具有新鲜畜肉正常的气味	稍有氨气味或酸味
煮沸后的肉汤	透明清澈，脂肪聚于表面，具有香味	稍混浊，脂肪呈小滴状浮于表面，无香味

4. 鱼类原料安全

鱼类在捕捉后会很快死亡，皮肤腺会分泌较多的黏液，继而出现僵硬、自溶、腐败等现象。鱼类原料的感官评定标准见表1-4。

表1-4　鱼类原料的感官评定标准

评定项 \ 评定结果	新鲜	次新鲜	不新鲜
体表	具有鲜鱼固有的色泽；黏液透明，量少，无异常气味	色泽较暗；黏液透明度差，量多，有异常气味	色泽暗淡，无光泽；黏液混浊，量多，味臭
鳞	鳞光亮、完整，紧贴鱼身，不易剥落	鳞不完整，光泽度较差，较易剥落	鳞不完整，无光泽、松弛，容易剥落
鳃	鳃盖紧合，鳃丝鲜红清晰，黏液透明，无异味	鳃盖较松弛，鳃丝呈紫红色、淡红色或暗红色，腥味较重	鳃盖松弛，鳃丝粘连，呈淡红色、暗红色或灰红色，黏液混浊，有明显的腥臭味
眼睛	眼球饱满，角膜光亮透明，虹膜无血液浸润	眼球平坦或稍凹陷，角膜暗淡或微混浊，虹膜有轻度血液浸润	眼球深陷，角膜混浊无光或发黏，虹膜红染

续表

评定结果 评定项	新鲜	次新鲜	不新鲜
肌肉	肌肉坚实，富有弹性，纤维清晰，有光泽，指压后，凹陷处恢复迅速	肌肉组织紧密而有弹性，指压后，凹陷处能很快恢复，光泽度较差	腹部膨胀，肌肉松弛，弹性差，指压后，凹陷处恢复慢，无光泽，有异味但无腐臭味
肛门	肛门发白，向腹部紧缩，周围无污染	肛门发黑、外凸，周围有污染	肛门发紫、外凸，有大面积污染

二、厨房生产和人员安全

烹饪安全事故一般是由于厨师粗心大意而造成的，往往具有不可预料性，但通过培训和制度规范操作后，是可以大大降低发生概率甚至避免的。

1. 防割伤

厨师在操作时要集中注意力，正确使用刀具，不得打闹嬉戏，执刀时不得刀刃向人，清洗时防止割伤，放置刀具要妥善；在使用绞肉机、切片机等设备时，要完全掌握机器性能。

2. 防跌倒、扭伤

应始终保持厨房地面干燥，工作鞋应有防滑功能，搬运物品时注意不能超负荷，搬移重物要利用合适的工具。

3. 防电击和烫伤

在使用炉灶设备时必须严格遵守操作规程，开油锅时要注意避免烫伤，开蒸箱前要先关气阀再背向揭盖或开门。

4. 防火灾和煤气中毒

要谨慎使用油锅，使用时不得无人值守；排风设备要定时清洁；进行厨房收尾工作时，要检查煤气阀门和总阀门，严格遵守操作规程；厨房必须配备相应的灭火设备，要对厨师进行消防培训并确保其会使用灭火设备。

练习与检测

一、判断题（将判断结果填入括号中，正确的填"√"，错误的填"×"）

1. "烹"是化生为熟，"调"是调和滋味，烹调就是烹和调的结合。（　　）

2. 到了汉代，我国饮食文化被极大地丰富了，这主要归功于与西域饮食文化的交流。（　　）

3. 食品安全是指食品无毒、无害，符合应有的营养要求，对人体健康不造成任何急性、亚急性或慢性危害。（　　）

4. 矿物质与其他营养素不同，不能在体内生成，必须通过膳食补充。（　　）

5. 烹饪安全事故一般是由于厨师粗心大意而造成的，往往具有不可预料性。（　　）

二、单项选择题（选择一个正确的答案，将相应的字母填入题内的括号中）

1. 传统饮食业的生产加工分为"红案"和"白案"。（　　）属于白案。

　　A. 南翔小笼　　　　　　　　B. 松鼠鳜鱼
　　C. 霸王别姬　　　　　　　　D. 糖醋肉

2. 调的作用是除异味、增美味、定口味、（　　）。

　　A. 添色彩　　B. 增厚度　　C. 杀菌　　D. 消毒

3. 烹的作用是：杀菌消毒，（　　），形成复合美味，增色美形以及分解养料。

　　A. 添色彩　　B. 增香　　C. 定口味　　D. 调和滋味

4. 餐具消毒是预防食物中毒发生的有效措施之一，一般餐具消毒方法为（　　）。

　　A. 用消毒剂消毒　　　　　　B. 蒸煮消毒
　　C. 酸碱消毒　　　　　　　　D. 用盐消毒

5. 宴席配菜最基本的要求就是菜肴原料多样化，对原料的种类和数量进行合理选择和科学搭配，其中重要的考量因素就是（　　）。

　　A. 营养素　　B. 蛋白质　　C. 矿物质　　D. 维生素

参考答案

一、判断题

1. √   2. √   3. √   4. √   5. √

二、单项选择题

1. A   2. A   3. B   4. B   5. A

项目 2　原料加工

项目 2　原料加工

学习单元 1
原料的类别

学习目标

1. 了解原料的大类
2. 掌握植物原料的类别
3. 掌握禽类原料的类别
4. 掌握畜类原料的类别
5. 掌握水产类原料的类别

一、植物原料

1. 根茎类植物原料

根茎类植物原料是指以细嫩或肥大变态的根茎部作为食用部分的植物原料，包括根菜类和茎菜类。根菜类是以肥大的变态根作为食用对象的植物原料，包括胡萝卜等。茎菜类是以肥大的变态茎作为食用对象的植物原料。茎菜类可分为地上茎菜类和地下茎菜类两种。茎菜类也可以细分为块茎类（如土豆）、根茎类（如藕）、球茎类（如慈姑）、鳞茎类（如洋葱）、嫩茎类（如茭白）。

2. 叶类植物原料

叶类植物原料是指以肥嫩的叶及叶柄作为食用部分的植物原料，如莜麦菜、大白菜、芹菜、菠菜等。

3. 花果类植物原料

花果类植物原料是指以果实、花作为食用部分的植物原料。其中，果类植物原料又可按照特点分为茄果类植物原料（如茄子、番茄），瓜果类植物原料（如丝瓜、黄瓜），荚果类植物原料（如扁豆、毛豆）；花类植物原料有西蓝花、韭菜花等。

二、禽类原料

1. 鸡

鸡属于鸟纲，按照其食用特点和用途大致可分为肉用鸡、蛋用鸡、肉蛋兼用鸡和专用鸡。鸡肉的品质好坏与其种类和生理状态有很大的关系。一般来说，肉用鸡因为多为肥育仔鸡，肉质要比蛋用鸡好；阉公鸡肉质较好，肉多质细，种公鸡和老母鸡肉质较粗老。

2. 鸭

鸭在我国南方饲养得较多，优良品种有北京鸭和高邮鸭。鸭肉的质地比鸡肉粗，但与畜肉相比，鸭肉的肌纤维则要细得多。

3. 鸽子

鸽子是鸽形目鸠鸽科数百种鸟类的统称，羽毛有灰色、酱紫色、白色等，翅膀大，善于飞行，食物是谷类植物的种子。鸽子的营养价值极高，鸽肉中的蛋白质和氨基酸含量丰富，且易于被人体消化吸收。用鸽肉制作的菜肴既是名贵的美味佳肴，又是高级滋补品。

4. 鹅

鹅是体重较大的水禽，躯体大，体形与雁相似，在外貌上与其他禽类相比有相似之处，也有较大的区别。

5. 其他禽类原料

野鸡外形酷似家鸡，下肢发达，善于奔跑，肉质细腻，但有土腥味，烹调时要加以处理。

鹌鹑是鸡形目中形体最小的禽类，胸部肌肉发达，肉质滑嫩多汁。

三、畜类原料

1. 猪

猪是家畜的一种，属杂食类哺乳动物。猪身体肥壮，四肢短小，肉可食用，皮可制革，性温驯，适应力强，易饲养，繁殖快，有黑色、白色、酱红色、黑白花色等品种。猪肉中所含的蛋白质主要是肌红蛋白，这是一种比较稳定的可溶性高价蛋白质，容易消化和吸收，具有较高的营养价值。猪肉是高能量、多脂肪的肉食品，是为人体生理活动提供能量的重要食材。

2. 牛

牛耐粗饲，肥育性能好，肉质佳美，肌间脂肪可食用性强，呈明显的大理石花纹状，烹调后香味浓郁，风味独特。牛的皮可制革。奶牛可产奶，营养丰富。牛肉含有丰富的营养成分，能满足人体的生理需要，促进人体健康，提高机体免疫力，有益于生长发育、病后调养。牛肉还具有益气养胃的功效，还可以强壮筋骨、补虚养血。

3. 羊

羊耐寒怕热，喜欢干燥清洁的环境，合群性强，其皮可制革，毛可制衣，脂肪除可以食用外，还可以制成护肤品等，用途多样。羊肉肉质比猪肉细嫩，脂肪、胆固醇含量比猪肉和牛肉都要少。相较于猪肉，羊肉的蛋白质含量较多，脂肪含量较少。羊肉的维生素 B_1、维生素 B_2、维生素 B_6、铁、锌、硒含量颇为丰富。羊肉容易消化吸收，多吃羊肉有助于提高身体免疫力。羊肉热量比牛肉要高，可益气补虚，促进血液循环，增强御寒能力。食用羊肉还可促进消化酶分泌，从而有助于消化，并能保护胃壁。因此，羊肉历来被当作秋冬御寒和进补的重要食品之一，尤其适合老年人、体虚的成人和产后妇女。

4. 其他畜类原料

马形体大，善于奔跑，可以骑乘，也可以用来驮东西。马肉含有十几种氨基酸和人体所必需的维生素及钙、磷、钾、钠等营养成分。马肉有补中益气、补血、补肝肾、强筋骨的功效，可增强人体免疫力。马肉的脂肪和胆固醇含量比较低，相较而言，降低了人体动脉硬化的风险。

驴形体比马小，可以骑乘，但是不善于奔跑。驴肉肉质细嫩，远非牛、羊肉可比。俗话说，"天上龙肉，地上驴肉"，这是人们对驴肉的褒扬。鲁西、鲁东南、皖北、皖西、豫西北、晋东南、晋西北、陕北、冀一带许多地方形成了独具特色的用驴肉制作的传统食品和地方著名小吃，如河间驴肉烧饼、广饶肴驴肉、保定漕河驴肉火烧等。

四、水产类原料

1. 鱼类原料

鱼类原料分为淡水鱼和海水鱼。淡水鱼广义上是指能生活在淡水中的鱼类。海水鱼是指生活在海里的鱼，通常做冰鲜和急冻两种处理。

常见的淡水鱼有鲤鱼、鲫鱼、鳜鱼、草鱼、青鱼、花鲢鱼、黑鱼等，常见的海水鱼有大黄鱼、小黄鱼、带鱼、鲳鱼、鳗鱼、左口鱼、鳕鱼等。淡水鱼一般肉质鲜美细嫩，脂肪含量较海水鱼高，鱼腥味较少而泥土气较多。海水鱼大多刺少肉多，肉质结实，味道鲜美，鱼腥味较重。

2. 虾蟹类原料

虾是一种生活在水中的节肢动物，属甲壳类，种类很多，包括河虾、沼虾、草虾、小龙虾、对虾、基围虾、琵琶虾、龙虾等。虾营养丰富，且肉质松软而易消化，对身体虚弱及病后需要调养的人来说是极好的食物，能增强人体的免疫力。

蟹是十足目短尾次目的甲壳动物，以鱼、虾等动物尸体或稻谷为食。常见的蟹类原料有河蟹、青蟹、面包蟹、帝王蟹、花蟹、梭子蟹等。蟹肉口感鲜嫩细腻，鲜甜滋味令人回味。蟹肉属于高蛋白、低脂肪、低热量的食物，含有多种矿物质，且不饱和脂肪酸含量丰富，是顶级的蛋白质来源。

3. 贝类原料

烹饪中的贝类原料是指能够为人类食用且味道鲜美的贝类，属软体动物门中的瓣鳃纲（即双壳纲）或腹足纲，因一般体外披有 1~2 块贝壳而得名。常见的贝类原料有蛤、蛏、牡蛎、螺、贻贝等。贝类营养价值较高，含有丰富的钙，同时含有多种微量元素，如碘、锌、硒、铜、铁、钴等，且各微量元素之间的比例恰当。贝肉细嫩，味道鲜美，蛋白质含量高，脂肪含量少，容易被人体消化吸收。

学习单元 2

原料的特性

 学习目标

熟悉各类原料的特性

一、植物原料的特性

1. 根茎类植物原料的特性

（1）马铃薯。马铃薯又称土豆、山药蛋，属茄科。马铃薯在我国各地均有生产，其中以东北和内蒙古地区为主要产地。不同品种的马铃薯具有不同的形状和颜色，形状有球形、椭圆形、扁平形、细长形等，颜色主要有黄色、白色两种。

（2）莴苣。莴苣又称莴笋，属菊科。莴苣原产于地中海沿岸，现我国各地均有生产。莴苣质地脆嫩，水分足，叶鲜美，有特殊的清香和甘味，生、熟都可以食用，还可以作为食品雕刻的原料。莴苣四季皆有。

（3）洋葱。洋葱又称圆葱、洋葱头，属百合科。洋葱在我国各地均有生产。洋葱的食用部位为鳞茎，皮色有红、黄、白三种。红皮洋葱产量最高，质地脆嫩，有香辣味，并带甜味。

（4）荸荠。荸荠又称地栗、马蹄，为水生草本。荸荠在我国南方栽培得较多，其茎叶纤细，地下部位（球茎）肥大呈扁球形，为食用部位，质地脆嫩，多汁且甜，肉为粉白色，生、熟皆可食用，在烹饪中多作配料。

2. 叶类植物原料的特性

（1）芹菜。芹菜属伞形科。芹菜原产于地中海沿岸，现我国各地都广泛栽培。芹菜有水芹和旱芹之分，习惯上多以绿色叶柄为主要食用部位，可用于炒、炝拌，或作为配料使用，也可用于制作馅料。芹菜四季皆有，耐储存。

（2）菠菜。菠菜原产于西亚，现我国各地都广泛栽培。菠菜耐寒性极强，四季皆有，适用于炒、烩、制汤等。

（3）大白菜。大白菜又称白菜、黄芽菜，属十字花科。大白菜原产于我国，山东和河北所产的大白菜形质皆美,最负盛名。大白菜可用于炒、拌、烧、扒、涮等,也可用来做泡菜和馅料,还可作为食品雕刻的原料,用途十分广泛。

3. 花果类植物原料的特性

(1)花菜。花菜又称花椰菜、菜花,属十字花科。花菜在我国各地均有栽培,春、秋两季收获,以蕾长花白、质地脆嫩、肉厚者为佳品。

(2)番茄。番茄又称西红柿,属茄科。番茄原产于南美洲,现我国各地均有生产,是一种深受欢迎的烹饪原料。番茄颜色有红色、黄色、粉红色等,形状有圆形、扁圆形、椭圆形等。番茄含有较多的有机酸,皮薄肉厚,柔软多汁,酸甜适中,并含有特殊的香气,生、熟皆可食用,还可用于食品雕刻、拼摆装饰等。

(3)四季豆。四季豆又称菜豆,属豆科。四季豆原产于美洲,现我国各地均有生产,夏秋季为多,一般以扁平大荚为佳品。四季豆质地细嫩、清香爽口、柔软甘美,适用于烧、炒、焖、炖等。

二、禽类原料的特性

1. 鸡的特性

(1)肉用鸡。肉用鸡是以产肉为主、产蛋为次的鸡种,体形较大,动作迟缓,生长迅速,肉质鲜美。常见的肉用鸡有九斤黄鸡、三黄鸡,还有进口的白洛克鸡等。

(2)蛋用鸡。蛋用鸡是以产蛋为主的鸡种,产蛋多而大,体形较小,活泼好动,肉质相对较差。常见的蛋用鸡有来航鸡等。

(3)肉蛋兼用鸡。肉蛋兼用鸡体形大小介于肉用鸡和蛋用鸡之间,兼顾两者的优点,肉质良好。常见的肉蛋兼用鸡有江苏狼山鸡、湖南桃源鸡、辽宁庄河鸡等。

(4)专用鸡。专用鸡包括专供药用的乌骨鸡等。

2. 鸭的特性

(1)北京鸭。北京鸭是世界著名的优良肉用鸭品种,其羽毛丰满,呈乳白色,体形大,肉质肥嫩鲜美,脂肪含量高。

(2)高邮鸭。高邮鸭产于江苏,其体形较大,肉质鲜美。南京板鸭的原料就是高邮鸭。

3. 鹅的特性

我国鹅的主要品种有广东狮子鹅、江苏太湖鹅、湖南溆浦鹅等。鹅肉的质地比鸡肉粗，但与畜肉相比则要细得多。

4. 鸽子的特性

烹饪中用得较多的鸽子类原料为乳鸽。乳鸽是指4周龄内的幼鸽。乳鸽的特点是体形小，营养丰富，药用价值高，含有17种以上的氨基酸，氨基酸含量很高，且含有10多种微量元素及多种维生素，是高级滋补营养品。乳鸽肉质细嫩且味美。

三、畜类原料的特性

畜类原料中，猪、牛、羊等较为常见。在我国，猪的品种有100多种，按产区可分为华南猪、华北猪、华中猪等；牛的种类主要有黄牛、水牛、牦牛等，其中，黄牛分布最广，产量最多，约占牛总产量的80%；羊的种类主要为绵羊和山羊。

1. 猪的特性

（1）浙江猪。浙江猪以金华猪为最好，皮薄肉嫩，瘦肉多，脂肪少，出肉率达65%以上。

（2）东北猪。东北猪分本地种（如东北民猪）和改良种（如新金猪）。新金猪皮薄肉嫩，脂肪多，出肉率高达75%。

（3）广东猪。广东猪皮薄，肉质嫩美，骨细小，出肉率为65%以上。

（4）湖南猪。湖南猪皮薄，脂肪含量高，肉质鲜美，肥瘦均匀。

（5）四川猪。四川荣昌猪板油多；四川内江猪肥肉多，猪皮厚。

2. 牛的特性

（1）黄牛。黄牛主要产于内蒙古和西北各省，较著名的品种有秦川牛、鲁西黄牛、延边黄牛等。黄牛肉质坚实，肌肉呈棕红色。

秦川牛产于陕西渭河流域，骨骼粗壮，肌肉丰满，肉质细嫩，易于育肥，净肉率约为45%。鲁西黄牛产于山东省西南部，肉用价值高，肌间脂肪分布均匀，净肉率约为45%。延边黄牛产于东北三省，肉质优良，净肉率约为37.9%。

（2）水牛。水牛的主要品种有四川德昌水牛、湖南滨湖水牛、浙江温州水牛等。水牛的肉质风味比黄牛差，肉呈深红色，肌纤维粗而松；脂肪呈白色，干燥而黏性小。水牛肉烹调时不易煮烂。

（3）牦牛。牦牛主要分布于西北和西南各地区，以青藏高原地区数量为最多。牦牛肉呈鲜红色，质地细嫩，有大理石花纹，风味美，质量优于一般黄牛肉。

3. 羊的特性

（1）绵羊。绵羊的主要品种有蒙古绵羊、西藏绵羊、哈萨克绵羊和改良种绵羊，以蒙古绵羊为最多。绵羊的肉质比山羊坚实，肉呈暗红色，纤维细而软，其中有白色脂肪，脂肪较硬而脆。绵羊的肉及脂肪均无膻味。

（2）山羊。山羊适应性强，全国各地都有饲养。山羊多为皮肉兼用。肉质较好的山羊品种有中卫羔皮山羊、成都麻羊等。山羊肉呈较淡的暗红色，年龄越大的山羊，其肉色越深。山羊除腹部有较多脂肪外，皮下脂肪很少。山羊的肉与脂肪均有明显的膻味。

四、水产类原料的特性

1. 鱼类原料的特性

（1）黄鱼。黄鱼是大黄鱼、小黄鱼的统称，是我国主要的经济鱼类。大黄鱼、小黄鱼的外形相似，体形有大小区别。大黄鱼的鱼鳞小，小黄鱼的鱼鳞大。黄鱼肉质细嫩鲜美，刺少肉多，肉呈蒜瓣状。小黄鱼的滋味比大黄鱼的滋味更鲜美。

（2）带鱼。带鱼体侧扁，呈带状，尾细长如鞭，呈银白色。我国沿海均产带鱼，嵊泗列岛产量较大。带鱼肉嫩味鲜，肉多刺少。

（3）青鱼。青鱼体大肉厚，肉多刺少，肉质细嫩，外形和草鱼相似。

（4）鳊鱼。鳊鱼肉质细嫩洁白，骨刺较多，脂肪含量高。

2. 虾蟹类原料的特性

（1）对虾。对虾也称明虾、大虾。在我国，对虾主要分布于黄海和渤海。对虾肉质鲜嫩，皮薄肉多，适合多种烹调方法，还可加工成茸。

（2）龙虾。在我国，龙虾分布于东海南部和南海。龙虾体形粗壮，呈圆柱形，略扁平，长 30 cm 以上，色鲜艳，头胸甲坚硬多棘，腹部较短，尾扇较发达。

（3）沼虾。沼虾体长 4~8 cm，呈青绿色，头胸部较粗大，分布于我国各湖沼河川中。河北白洋淀、江苏太湖、山东微山湖产出的沼虾最为著名。

3. 贝类原料的特性

（1）蛤。我国沿海地区均产蛤，不同品种体形相似，大小、颜色略有差异。蛤味鲜美，肉质鲜嫩，肉色洁白。

（2）蛏。我国渤海、黄海和东海均产蛏。蛏的壳呈竹筒状，壳质脆薄，壳前缘呈截形，略倾斜，后端呈圆形，背、腹缘直且相互平行，壳表面凸起，背呈黄褐色，壳皮具有光泽。

中式烹饪基础

学习单元 3
原料鉴别

 学习目标

掌握不同原料的鉴别方法

一、植物原料鉴别

1. 植物原料的一般鉴别方法

（1）含水量鉴别。新鲜的植物原料有正常的含水量，表面润泽光亮，刀口断面渗水。若植物原料外形干瘪，失去水分和光泽，则说明不新鲜。

（2）形态鉴别。新鲜的植物原料形态饱满，无伤痕。若植物原料干缩变小，表面发蔫，且有病斑或虫蛀痕迹，则说明不新鲜。

（3）色泽鉴别。每种植物原料都有自己固有的色泽，如叶类植物原料多呈翠绿色，萝卜有红色、白色、青色等。一般植物原料固有的色泽变化越小，说明其越新鲜；反之，则越不新鲜。

2. 不同植物原料的具体鉴别方法

（1）马铃薯鉴别。马铃薯是全球四大重要的粮食作物之一（其余为小麦、玉米、水稻）。马铃薯分黄肉及白肉两种，黄肉的较粉糯，白肉的较脆爽。

光滑圆润、颜色均匀的马铃薯品质较好。不要选择畸形的、表皮发绿的马铃薯，也不要选择长出嫩芽的马铃薯，因为发绿、长芽的地方含有毒素。肉色变成深灰色或有黑斑的马铃薯多是冻伤或坏了，均不宜进食。

（2）番茄鉴别。番茄既可作蔬菜又可作水果食用。

红色番茄的颜色应为大红色，一般呈扁球形，汁多爽口。粉红番茄的颜色应为粉红色，近圆球形，酸度适宜。黄色番茄的颜色应为橘黄色，呈圆球形，果大肉厚，肉质又面又沙，生食味淡。品质好的番茄应颜色鲜艳，脐小，无畸形，无虫疤，不裂不伤，个大均匀。

（3）蒜头鉴别。蒜头分为紫皮蒜头和白皮蒜头。紫皮蒜头辣味浓郁，一般北方食用较多；白皮蒜头辣味较淡，一般南方食用较多。

挑选蒜头时，宜选个头大、瓣少、瓣大、整齐、坚实、不发芽、无臭味、干燥的蒜头。用手掂量时，应感到分量足。

一般情况下，如果两片蒜瓣之间凹进去的沟间隔明显，则为瓣大的蒜头，成熟度高；如果外圈摸起来整体圆滑像橘子，则为瓣小的蒜头，成熟度不够。另外，有些蒜头很饱满，蒜头上面都裂开了口，蒜瓣一粒一粒地分散开，但靠下面的蒜核处还是集中在一起，这种蒜头品质也是很好的。

摸一下蒜瓣，若有的蒜瓣较软或有空洞，则说明蒜瓣可能发霉或坏了，不宜选购。还有些蒜头发了芽，虽然能吃但营养价值很低，也不建议购买。

（4）西蓝花鉴别。西蓝花以花蕾青绿、柔软、饱满且中央隆起的为上品。西蓝花的幼嫩程度看花蕾，凡是含苞未放的就是嫩品，口感较好。挑选西蓝花时，还要注意其花蕾的完整性。另外，需观察花蕾的颜色，若颜色已变成黄色，则说明西蓝花已经不新鲜了。

（5）菌菇鉴别。观察菌菇表面，选择有弹性、有韧性、有光泽的菌菇。一般应选择干制菌菇和鲜菌菇，尽量不要食用腌制菌菇，因为腌制菌菇容易造假。如果用于煲汤，应选择干制菌菇，效果更佳。切勿食用带有黏性、挂丝的变质菌菇。

二、禽类原料鉴别

禽类原料的鉴别方法见表1-2。

三、畜类原料鉴别

畜类原料的鉴别方法见表1-3。新鲜的畜类原料没有酸败或油污气味，腱有弹性而结实，关节表面光滑而有光泽，关节液呈透明状。新鲜牛、羊肉的脂肪应呈淡白色或淡黄色，按压时碎裂；新鲜猪肉的脂肪应呈白色，柔软而有弹性。

四、水产类原料鉴别

1. 鱼类原料的鉴别方法

鱼类原料的鉴别方法见表1-4。

2. 虾类原料的鉴别方法

（1）品质优良的虾：头、体紧密相连，外壳与虾肉紧贴成一体，用手按虾体时感到硬而有弹性，虾体两侧和腹面为白色，背面为青色（雄虾全身呈淡黄色），有光泽。

（2）品质较次的虾：头、体连接不紧密，外壳与虾肉分离，虾体软而失去弹性，体色变黄（雄虾变深黄色）并失去光泽，虾身节间出现"黑箍"，但仍可食用。

（3）品质严重不佳的虾：头、体分离，体软如泥，外壳脱落，体色呈黑紫色。这类虾的营养价值下降较多，若在不洁环境下长时间存放，则可能感染致病菌等，不宜再食用。

3. 蟹类原料的鉴别方法

（1）品质优良的蟹：背面呈青色，腹面呈白色并有光泽；蟹腿、蟹螯均硬挺，并与身体连接牢固；提起有重实感。

（2）品质较次的蟹：背面呈青灰色，腹面呈灰色；蟹腿、蟹螯均松弛且易碰掉；提起没有重实感，感到头胸甲两侧壳内不实。

（3）品质严重不佳的蟹：背面发白或呈微黄色，腹面变黑；蟹腿、蟹螯均易自行脱落；提起感到头胸甲两侧空而无物。

4. 贝类原料的鉴别方法

单靠肉眼很难分辨贝类原料新鲜与否，可通过将贝类原料相互碰撞来鉴别。若声音像金属般清脆，则说明贝类是新鲜的；若声音空洞，则为死贝。活贝体内的肉会吐出来，用手指一碰，贝肉就会收缩进去。

学习单元 4 原料宰杀

 学习目标

1. 了解水产类原料的组织结构
2. 熟悉常见水产类原料的宰杀
3. 了解禽类原料的组织结构
4. 熟悉常见禽类原料的宰杀

一、水产类原料的组织结构

1. 鱼类原料的组织结构

鱼类原料的组织结构如图 2-1 所示。

图 2-1 鱼类原料的组织结构

2. 虾类原料的组织结构

虾类原料的组织结构如图 2-2 所示。

3. 蟹类原料的组织结构

蟹类原料的组织结构如图 2-3 所示。

图 2-2 虾类原料的组织结构

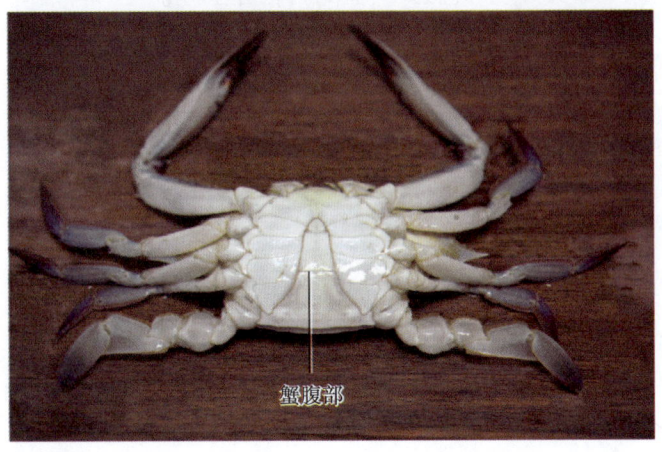

图 2-3 蟹类原料的组织结构

4. 贝类原料的组织结构

贝类原料的组织结构如图 2-4 所示。

图 2-4 贝类原料的组织结构

二、水产类原料的宰杀

1. 一般鱼类原料的宰杀

首先，将鱼摔晕或用刀背将鱼拍晕；然后，用刀在鱼肚子上划一条长长的口子，把里面的内脏掏出来，去鳞；最后，将刀的一角深深地伸入鱼鳃里面，使劲往外一拨，将鱼鳃整个儿取出来。

2. 鳝鱼的宰杀

一般的宰杀方法是：用左手的三个手指（食指、中指、无名指）勾夹住鳝鱼的颈部，右手执尖刃刀，将刀尖刺入其腹面的颈根部，并向尾部顺长割划，剖开腹部，洗净。

传统的宰杀方法是：用钉子将鳝鱼头部钉在案板上，再剖腹杀死。

在南方，还有一种较普遍的宰杀方法：在大缸内放适量的盐和醋，将鳝鱼放入，再把准备好的开水倒入，立即盖上盖，或将鳝鱼放在冷水锅中，加适量盐和醋，加盖放火上煮，待鳝鱼都张开嘴再取出剖腹洗净。

需要注意的是，无论采用哪种宰杀方法，都必须根据所烹制菜肴的要求实施宰杀。

3. 甲鱼的宰杀

将甲鱼翻过身，使其背朝地、肚朝天。在甲鱼为翻身而伸长脖子时，用两指抓住其颈部，用快刀割断其头骨，再控血。将宰杀后的甲鱼放在热水（温度70～80℃）中，烫2～5分钟捞出。放凉后，用一小刀将甲鱼全身的乌黑污皮轻轻刮净，特别是头部、四脚和裙边部分。刮净乌黑污皮后，将甲鱼清洗干净，从甲鱼的裙边底下沿周边割开，将盖掀起，去除内脏，去除四脚附着的黄油。

三、禽类原料的组织结构

1. 鸡的组织结构

鸡的组织结构如图2-5所示。

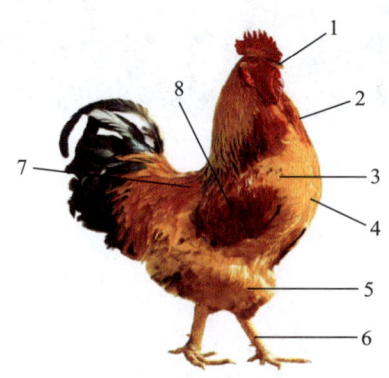

图2-5 鸡的组织结构

1—鸡头　2—鸡颈　3—鸡胸肉　4—鸡里脊　5—鸡腿　6—鸡爪　7—鸡脊背　8—鸡翅

2. 鸭的组织结构

鸭的组织结构如图 2-6 所示。

图 2-6　鸭的组织结构

1—鸭头　2—鸭颈　3—鸭胸肉　4—鸭里脊　5—鸭腿　6—鸭爪　7—鸭翅　8—鸭脊背

3. 鸽子的组织结构

鸽子的组织结构如图 2-7 所示。

图 2-7　鸽子的组织结构

1—鸽头　2—鸽颈　3—鸽胸肉　4—鸽里脊　5—鸽腿　6—鸽爪　7—鸽脊背　8—鸽翅

4. 鹅的组织结构

鹅的组织结构如图 2-8 所示。

图 2-8 鹅的组织结构

1—鹅头 2—鹅颈 3—鹅胸肉 4—鹅里脊 5—鹅腿 6—鹅爪 7—鹅脊背 8—鹅翅

四、禽类原料的宰杀

1. 一般禽类原料的宰杀

先用左手抓住禽类的翅膀,让其不能动弹,顺便捏住其嘴和鼻孔;再用右手拿刀对着脖子划下去,划开气管、食管;之后,一直抓住禽类的头和脚,待血从其脖子切口处流尽。等血流得差不多后,将热水(90 ℃以上)倒入桶里,将其头朝下放进去滚一遍,之后徒手拔毛。拔完毛后,用刀竖着剖开其肚子,挖出内脏,将能够食用的部分留下,将不能食用的部分扔掉,洗净内部。

2. 鸽子的宰杀

一种宰杀方法是先将鸽子血放完后再解剖。由于鸽子血营养丰富,这种宰杀方法会使鸽子营养流失过多,因此不建议使用。

另一种宰杀方法是将鸽子放入水中,并在不放血的情况下使其溺水死亡,之后将热水(80 ℃以上)倒在鸽子的身上(使脱毛更方便),除去羽毛和细小的绒毛后再进行解剖。这种宰杀方法比较常见。

> **相关链接**
>
> **禽类原料的内脏与脂肪处理**
>
> ● 肝。摘除在肝上的胆囊(注意勿将其碰破),用清水漂洗干净。

- 心。挤尽心基部血管内的淤血，用清水洗净。
- 肫。先割去上部食管，摘除下部肠管，剥去脂肪，再用刀将肫剖开，用水冲去杂物，撕下黄皮（俗称鸡内金，可作药用），用清水冲洗干净。
- 肠。先用手撕去附在肠上面的胰脏，再用剪刀顺长剖开，用刀刮尽黏液和杂质，加干面粉和醋揉搓后，用清水反复漂洗干净。
- 脂肪。脂肪常分布于禽体腹腔内，或包裹在肠、肫外面。加工时，可用手撕下脂肪漂洗干净，用刀将其切碎后放入盛器中，加葱、料酒等，盖上盖，上蒸笼蒸至脂肪熔化后取出，过滤后即为"明油"，可用于烹调。

学习单元 5

分档取料

学习目标

1. 了解分档取料的作用
2. 了解分档取料的要求
3. 掌握不同原料的分档取料

一、分档取料的作用与要求

1. 分档取料的作用

（1）保证菜肴的质量，突出菜肴的特点。由于动物性原料各部位肉的质量不同，且不同烹调方法对原料的要求也不同，因此在制作菜肴前，必须选用合适的原料部位。只有这样，才能保证菜肴的质量，突出菜肴的特点。

（2）保证原料被合理利用，做到物尽其用。根据原料不同部位的不同特点（质量）和菜肴的烹制要求进行分档取料，不仅能确保菜肴的风味、特色，而且能使原料得到合理利用，做到物尽其用。

2. 分档取料的要求

（1）熟悉原料的各个部位，准确下刀。例如，畜、禽肌肉之间的膈往往是原料不同部位的界限，从这些地方下刀能保证取料的质量。

（2）掌握分档取料的先后顺序。分档取料如果不按照一定的先后顺序进行，就会破坏各个部分肌肉的完整性，影响取料的质量，并造成原料浪费。

二、不同原料的分档取料

1. 鱼分档取料

鱼分档取料如图 2-9 所示。在胸鳍处去头，在臀鳍处去尾，留下的即为中段。中段可分脊背和肚裆两部分。靠背部的部分为脊背，用平刀法分别贴龙骨（即脊椎骨）两侧进行取料，取下龙骨；靠腹部的部分为肚裆，用斜刀法片下。

图 2-9　鱼分档取料

2.鸡分档取料

先斩去鸡爪、鸡头,在净鸡脊背中线处划一刀至骨(从鸡脖至鸡尾);再在鸡胸部两侧各划一刀,割断腿与鸡胸部连接的皮、筋,撕下鸡腿,剔除腿骨;然后,割断鸡翅与鸡身连接的皮、筋,抓住鸡翅连胸脯肉一起撕下,取下净胸脯肉;最后,取下脊背处两块"栗子肉"(即里脊肉)。

3.猪分档取料

猪的组织结构如图 2-10 所示。

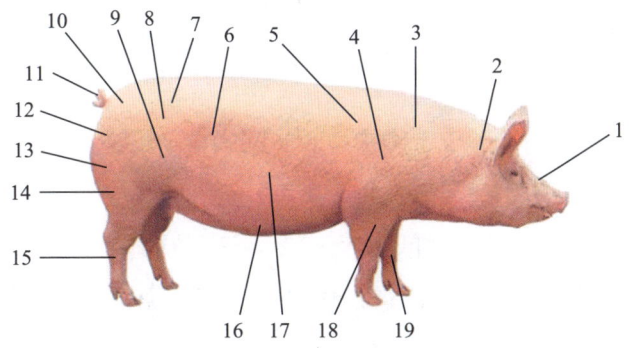

图 2-10　猪的组织结构

1—猪头　2—槽头肉　3—上脑肉　4—膆条肉　5—夹心肉　6—里脊肉　7—臀尖肉
8—三叉肉　9—弹子肉　10—坐臀肉　11—猪尾　12—黄瓜条肉　13—磨裆肉
14—后蹄髈　15—后爪　16—奶脯肉　17—五花肉　18—前蹄髈　19—前爪

(1)前段。先切下颈肉(又称槽头肉);再取下小排骨,取下夹心肉,取下猪爪,剔去肩胛骨(又称扇子骨);最后剔去上筒子骨,取下前蹄髈,切下上脑肉。

(2)中段。先撕下猪板油、猪腰,再切下胸条肉;然后斩断大排(里脊肉带龙骨),取下仔排;最后切下五花肉、奶脯肉。

(3)后段。先取下尾巴骨,再剔下股骨、后筒子骨,切下猪爪、后蹄髈,取下磨裆肉、弹子肉,最后切下臀尖肉、坐臀肉、三叉肉、黄瓜条肉。

4. 牛分档取料

牛的组织结构如图2-11所示。

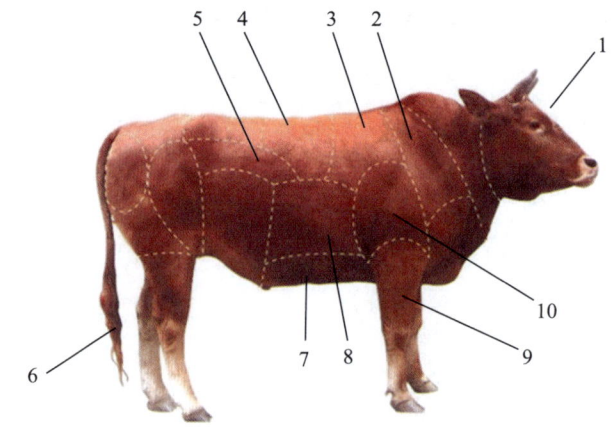

图2-11 牛的组织结构
1—牛头 2—颈肉 3—上脑 4—外脊 5—里脊 6—牛尾 7—胸脯
8—腑肋 9—前腱子 10—前肩

(1)牛头:皮、骨多,肉少,肉中有较多筋膜,一般适于酱、烧、烩等。

(2)牛尾:肉质肥美,适于煮、烧、炖等。

(3)颈肉:肉质较差,适于红烧、红焖、煮汤、制馅等。

(4)上脑:位于脊背前部、靠近后脑处,肉质肥嫩,肥瘦相间,适于爆、炒、烤、涮、焖等。

(5)前肩:位于颈肉后部,包括前胸和前腱子的上部,肉质较老,适于烧、焖、酱、炖等。

(6)前腱子:位于前膝关节的上部,筋肉相连,肉质较老,适于煮、酱、烧、拌等。

(7)外脊:又称通脊,位于脊背紧接上脑处,肉质细嫩,仅次于里脊,适于烤、炸、炒、爆等。

（8）里脊：位于外脊的斜下方，紧贴后腿的上部，是牛身上较细嫩的肉，适于炒、爆、煎、炸等。

（9）腑肋：又称肋条，位于胸部的肋骨处，肉中央夹有筋膜，肥瘦相间，适于炖、焖、烧等。

（10）胸脯：位于腹部，肉层较薄，附有白筋，呈带状，一般适于烧、炖等。

学习单元 6

原料成形

 学习目标

1. 熟悉刀具的种类
2. 了解基础刀法
3. 掌握原料成形

一、刀具的种类

1. 片刀

片刀也称批刀，重量较轻（约 500 g），刀身较薄，刀刃锋利，使用灵活，适用于将原料加工成片、条、丝、丁等，如图 2-12 所示。

图 2-12　片刀

2. 斩刀

斩刀刀身比片刀厚，分量较重（约 1 000 g），主要用于加工带骨或质地较硬的原料，是一种专用刀具，如图 2-13 所示。

图 2-13　斩刀

3. 桑刀

桑刀（见图2-14）原名叶刀，是海宁的传统刀具，既薄匀又锋利。

桑刀刀身矮薄，刀刃锋利，适用于切冷菜。

图2-14 桑刀

■ 据说由于桑刀切出的桑叶如发丝，喂幼蚕正合适，大受蚕农欢迎，因此又有叶刀之称。到了清朝光绪年间，慈禧太后听闻海宁有"叶刀"，认为其犯了自己的姓氏"叶赫那拉氏"中"叶"的名讳，因此下令改称为"桑刀"。

二、刀法

1. 刀法的概念

刀法是指将烹饪原料加工成一定形状时所采取的各种不同的用刀技法。刀法是我国历代厨师在长期的实践中根据原料的形状、性能及烹调要求逐步摸索总结出来的。

2. 基础刀法的种类

根据刀刃与原料的接触角度，基础刀法可分为平刀法、斜刀法、直刀法。

（1）平刀法。平刀法指刀刃运行时与砧板保持平行的一种刀法，成形原料具有平滑、扁薄的特点。

平刀法根据用力方向的不同可分为平直批、平推批、平拉批、锯批、波浪批（也称抖刀批）和旋料批，见表2-1。

表 2-1　平刀法

刀法种类	运刀方法	加工对象
平直批	刀刃保持与砧板平行地批进原料，其中，由上往下批为上批法，由下往上批为下批法	易碎的软嫩原料，如豆腐、豆腐干、鸭血等
平推批	运用向外的推力，以"从刀尖入刃，向刀腰移动"的方式批原料	脆嫩性蔬菜，如生姜、茭白、竹笋、榨菜等
平拉批	运用向内的拉力，以"从刀腰入刃，向刀尖移动"的方式批原料	韧性稍大的动物性原料，如鸡脯肉（即鸡胸肉）、腰子、猪肝、瘦肉等
锯批	数次平推批、平拉批的结合	韧性较大或软烂易碎或块体较大的原料
波浪批	刀刃进料后做上下波浪形运动	软性原料，如皮蛋、蛋清糕、蛋黄糕、豆腐干等
旋料批	一边进刃一边使原料在砧板上滚动，可以将原料批成较长的片	圆柱形植物原料

（2）斜刀法。斜刀法是指刀刃运行时与砧板保持一定倾斜角度的刀法。

斜刀法根据运刀时刀刃与砧板之间角度的不同可分为正斜刀（也称正斜批、斜拉批）和反斜刀（也称反斜批、斜推批），见表 2-2。

表 2-2　斜刀法

刀法种类	运刀方法	加工对象
正斜刀	右侧角度（即刀具右侧与砧板间的角度）为 40°～50°，左手按料，运用拉力，刀走下侧	软嫩原料，如鸡脯肉、腰子、鱼肉等
反斜刀	右侧角度为 130°～140°，左手按料，运用推力，刀身倾斜抵住左手指节，向前发力	脆而黏滑或韧性大的原料，如熟牛肉、葱等

（3）直刀法。直刀法是比较复杂的一类刀法，也是最重要的一类刀法。直刀法是指刀刃运行时与砧板/原料呈直角的一种刀法。应用时，一般刀背向上，刀刃向

下与原料垂直，由上而下地切下去。直刀法根据用力程度的不同可分为切法、剁法（也称劈法或砍法）、排法，这三种方法又可细分为不同的种类，见表2-3。

表2-3 直刀法

刀法种类		运刀方法	加工对象
切法	直切	垂直向下用力，切断原料，不移动原料。其中，连续快速切断原料者称为跳切	脆嫩性原料，如萝卜、土豆等
	推切	运用推力切料，刀刃向下、向前运行，要求一推到底，刀刀分离	薄嫩原料，如里脊、鱼肉等
	拉切	运用拉力切料，刀刃向下、向后运行，要求一拉到底，刀刀分离，用力稍大	韧性原料，如肉类等
	锯切	数次推切、拉切的结合，要求以柔软的韧劲入料，加强摩擦强度，减小直接压力，切至2/3时再直切下去	酥烂、松散易碎的原料，如面包等；或质地坚硬的原料，如熟火腿等
	铡切	左手按住刀背前部，刀刃垂直起落，或刀刃前后交替起落，或刀刃前部不动、中后部起落	薄壳、颗粒原料，如螃蟹、花椒、花生等
	滚刀切	左手滚动原料，边滚边切（切出的块叫滚刀块）	球形或圆柱形原料，如萝卜、土豆等
	翻刀切	运用推力或拉力切料，切断原料后，顺势将刀在砧板上侧倾一下，使粘在刀面上的原料落在砧板上	要加工成片、丝、粒等形状的肉类原料
剁法	斩剁	左手按料，用右手小臂的力量将刀扬起再垂直剁下。应一刀断料，防止产生碎骨	带骨和厚皮的原料，如排骨、鱼段等
	直剁	将刀高举，猛剁原料，左手应远离原料，注意安全	带骨的硬性原料，如鱼头、排骨等
	排剁	两手各持一把刀，左右反复有规律地连续剁	要加工成茸、泥的原料
	跟刀剁	将刀刃嵌在原料中，使刀与原料同时起落，以此将原料剁开	圆而滑的原料，如鱼头等
	拍刀剁	将刀刃放在原料上，用左手掌根猛拍刀背，截断原料	带骨的鸡、鸭肉等

续表

刀法种类		运刀方法	加工对象
排法	刀跟排	用刀跟部刃口在原料表面进行排剁，使原料骨折、筋断，深度不宜超过 1/2	腱膜较多的块肉和用于扒、炖的禽类原料等
	刀背排（捶）	用刀背对原料进行排敲，使肉松嫩，或使肉泥黏结	牛排、肉泥等

3. 混合刀法

混合刀法是指基础刀法混合使用的一种刀法。在实际应用时，可以根据食物原料种类及原料加工成形的要求使用不同的混合刀法。

4. 美化刀法

美化刀法又称剞花刀，是指综合运用基础刀法，在原料表面划上深而不透的横竖刀纹，形成美观的形态的运刀方法。

剞花刀后的原料经烹调后可卷曲成各种形状，如麦穗形、菊花形、玉兰花形、荔枝形、核桃形、鱼鳃形、蓑衣形等，使菜肴看上去更美观。剞花刀后的原料更易熟，能使菜肴保持鲜、嫩、脆，使调味汁更易挂在原料周围。

剞花刀对刀口深度有一定的要求，一般为原料的 2/3 或 4/5 左右。

剞花刀根据具体操作方法可分为推刀剞、斜刀剞、直刀剞。

（1）推刀剞。推刀剞的技法与反斜刀相似，操作时，以左手指按住原料，右手持刀，刀刃向外，刀背向里，刀身紧贴左手中指上关节，由右下方向左上方片入原料。注意深度要相同，距离要均匀。

（2）斜刀剞。斜刀剞与斜刀法相似，分为正刀剞与反刀剞。其中，正刀剞又称拉刀剞，操作时，以左手按住原料，右手持刀，刀身向外，刀刃向里，将刀剞入原料，由左上方向右下方拉。反刀剞时，刀身向里，刀刃向外，其余要求与正刀剞相同。

（3）直刀剞。直刀剞是刀刃垂直于砧板运刀的一种剞法，大多数情况下与推切相似，只是不能将原料切断而已。

剞可分为一般剞和花刀剞两种。一般剞只是在原料上剞上一排刀纹，如烹制整尾鱼时，即可用拉刀剞法剞上一排刀纹。花刀剞是剞法中应用较广泛的一种。所谓花刀，就是在原料上交叉地剞上各种纹路，使原料经过烹调后呈现各种不同的形状。适合进行花刀剞的原料必须是有韧性、带脆性且无筋的原料，如猪、羊、牛的腰子，以及猪肚、鸡肫、鸭肫、鱿鱼等。

三、植物原料成形

1. 根茎类植物原料成形

根茎类植物原料可成形为滚刀块、骨牌块、象眼块、柳叶片、长方片、菱形片、齿轮片、粗丝、细丝、粗条、细条、段、菱形丁、骰子丁、豌豆粒、米、末等。

2. 叶类植物原料成形

叶类植物原料可成形为柳叶片、长方片、菱形片、齿轮片、粗丝、细丝、段等。

3. 花果类植物原料成形

花果类植物原料可成形为滚刀块、骨牌块、象眼块、长方片、菱形片、齿轮片、粗丝、细丝、粗条、细条、段、菱形丁、骰子丁、豌豆粒、米、末等。

四、动物原料成形

1. 片、丝、条、丁、粒的成形刀法

（1）片的成形刀法。片的成形刀法很多。对于质地脆嫩的原料，可以采取直切和反斜刀；对于质地较软的原料，可以采取推切和平推批；对于韧性原料，可以采取拉切、平拉批和正斜刀；对于质地坚硬的原料，可以采取锯切；对于圆柱形的原料，可以采取滚料切（即滚刀切）。

（2）丝和条的成形刀法。丝和条的基本形态相似，区别在于粗细不同、长短有别。无骨的动物原料适合加工成丝和条。刀工处理时，可以直接采用直切、推切、拉切；也可以先用平刀法，再直切、推切、拉切。

（3）丁的成形刀法。丁是用直切、推切、拉切成形的，适用于各种韧性原料、熟食等。

（4）粒的成形刀法。粒比丁更细小。刀工处理时，通常先将原料加工成粗的丝或细的条，再切成粒。无骨原料适合加工成粒。

2. 不同动物原料成形规格

（1）水产类原料成形规格

1）块，规格通常为 5 cm×3 cm×2.5 cm。

2）片，规格通常为 4 cm×2 cm×0.5 cm。

3）条，规格通常为 5 cm×1.2 cm×1.2 cm。

4）丝，规格通常为 6 cm×0.25 cm×0.25 cm。

5）丁，规格通常为 1.5 cm 见方。

6）茸。

（2）畜类原料成形规格

1）块：大方块，规格通常为 5 cm 见方；小方块，规格通常为 3 cm 见方。

2）片，规格通常为 4 cm×2.5 cm×0.25 cm。

3）丝，规格通常为 6 cm×0.25 cm×0.25 cm。

4）丁，规格通常为 1.2 cm 见方。

5）米，规格通常为 0.3 cm 见方。

6）茸。

（3）禽类原料成形规格

1）块：大方块，规格通常为 4 cm 见方；小方块，规格通常为 2 cm 见方。

2）片，规格通常为 4 cm×2 cm×0.2 cm。

3）丝，规格通常为 5 cm×0.1 cm×0.1 cm。

4）丁，规格通常为 1.2 cm 见方。

5）米，规格通常为 0.2 cm 见方。

6）茸。

五、刀法的作用与应用要求

1. 刀法的作用

（1）使食物便于食用。大块或整只的原料不方便食用，但经过去皮、剔骨、分档、斩块、切片等刀工处理之后再烹调就便于食用了。

（2）使原料便于烹调。原料品种繁多，性质各异，烹调方法多种多样，操作特

点各不相同。经过刀工处理后，原料更易进行烹调。

（3）便于入味。若使用整块原料，烹调时调味品不易渗入，通过将大料改小或在原料表面剞花刀，烹调时就容易入味了。

（4）增进菜肴美感。原料经过刀工处理之后便具有多样的形态，从而使烹制出来的菜肴更加美观。

2. 刀法的应用要求

除小部分菜肴是在烹调后进行刀工处理外，对于大部分菜肴制作来说，刀工是烹调前的一道重要工序。在应用刀法时，要做到以下几点。

（1）因料施刀。刀工处理要根据原料的不同性质来进行。

（2）整齐划一。经过刀工处理的原料必须整齐划一，粗细、厚薄均匀，没有连刀现象，否则不但会影响成品的美观度，而且会造成成熟度不一致，影响菜肴的整体质量。

（3）减少浪费。经过合理搭配和计划，应使原料经过刀工处理后，"大材大用，小材小用"，各个部位的原料都能得以充分运用。

（4）适应烹调需要。对于旺火速成的菜肴，原料要切得薄一些、小一些，以便快速入味；对小火慢炖的菜肴，原料要切得厚一些、大一些，以免长时间加热后变形。

（5）美化形态。应注意原料形态美化，考虑菜品形式和色彩搭配，突出主料，主辅相配。

操作技能

分档取料

青鱼分档取料

操作准备

工具准备

（1）不锈钢方盘1只。
（2）塑料砧板1块。
（3）片刀1把。
（4）斩刀1把。

原料准备

青鱼1条（1 750 g）。

操作步骤

步骤1 将青鱼开膛，去内脏，去鳞，去鱼鳃。

步骤2 将鱼头朝左、鱼肚朝外平放于砧板上,以鱼头边的胸鳍处为标准线,用斩刀直切取下鱼头,如图2-15所示;以尾部的臀鳍处为标准线,直切取下鱼尾,如图2-16所示。

图2-15 取鱼头

图2-16 取鱼尾

步骤3 将刀刃平放于鱼的龙骨上,沿着龙骨用平直批法批下上半片,再将刀刃放在鱼的龙骨下,用平直批法批下龙骨,如图2-17所示。

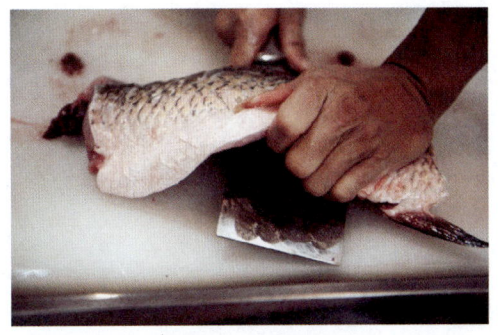

图2-17 批下龙骨

步骤4 换片刀,用斜刀法将鱼的肚裆整片斜批下来,如图2-18所示。

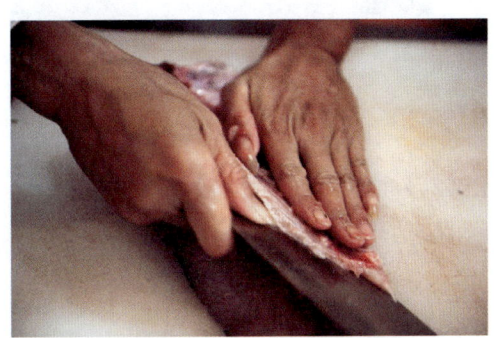

图2-18 批下肚裆

步骤5 在鱼中段直切至鱼皮,如图2-19所示,注意不能断皮,如图2-20所示;翻转刀身,一手拉着半片鱼身,一手平放刀身,反批(即平推批)去除鱼皮,如图2-21所示;用同样的方法去掉另一半鱼皮。将上述拆好的部位整齐放置在不锈钢方盘上。

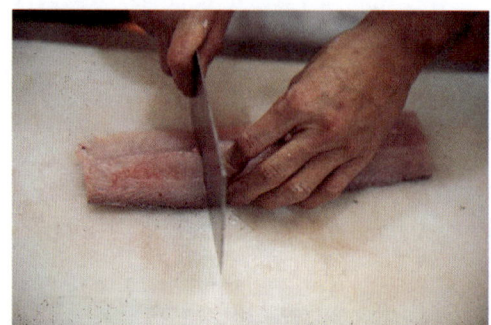

图 2-19 切至鱼皮

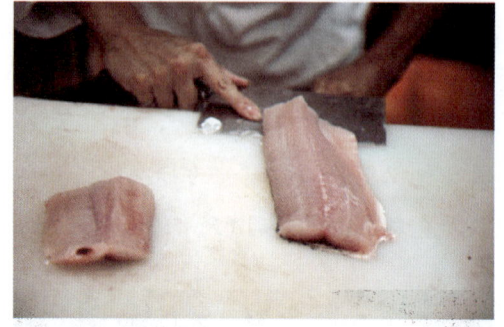

图 2-21 去皮

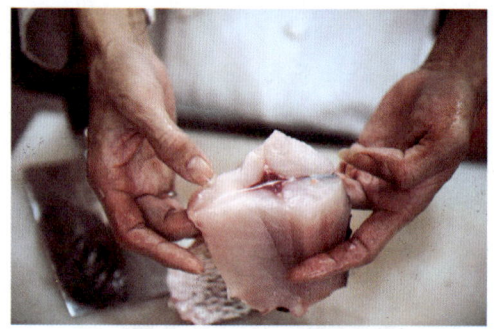

图 2-20 不断皮

质量指标

1. 分档原料摆放整齐。
2. 分档原料能适用于精细刀工处理。
3. 肉形完整，肉不带皮，皮不带肉，骨不带肉。

鸡分档取料

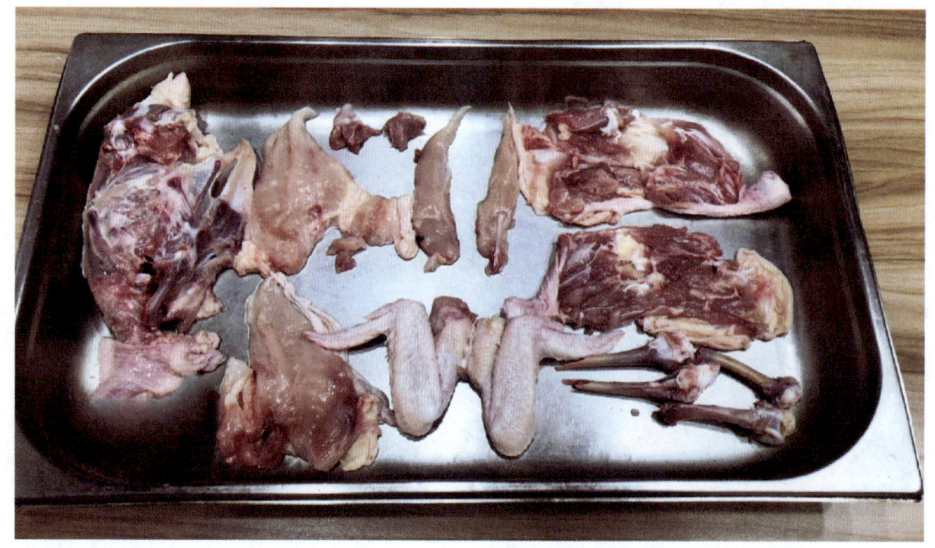

操作准备

工具准备

（1）不锈钢方盘1只。
（2）塑料砧墩1块。
（3）片刀1把。

原料准备

净膛光鸡1只（1 000 g）。

图2-23 切破大腿内侧的皮

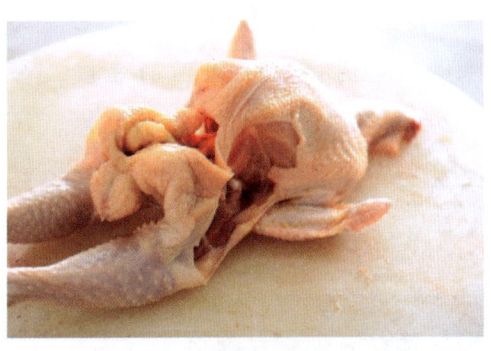

图2-24 将大腿骨反向掰脱臼

操作步骤

步骤1 斩去鸡爪和鸡头，沿着脊背从头到尾将鸡皮划破至脊骨，如图2-22所示。

图2-22 斩去鸡爪、鸡头，划破背部鸡皮至脊骨

步骤2 将鸡两面大腿内侧的皮切破，如图2-23所示，并将大腿骨反向掰脱臼，如图2-24所示。

步骤3 割断腰眼骨和大腿周围的筋膜，分别拉下两个鸡大腿；在大腿骨内侧沿着骨头划开，如图2-25所示，取出大腿骨、小腿骨、膝盖骨和牙签骨。

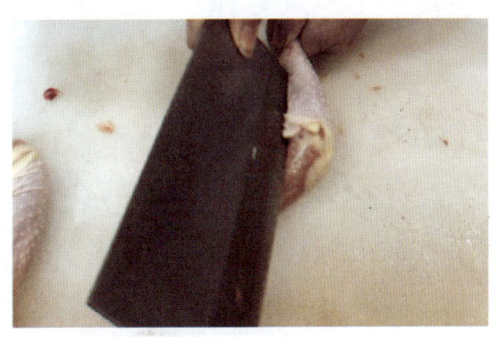

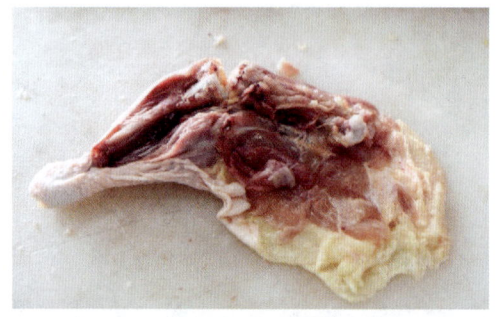

图 2-25　在大腿骨内侧沿着骨头划开

图 2-28　三叉骨

步骤 4　从肩胛骨进刀，划断乌喙骨（见图 2-26）周围的筋膜，如图 2-27 所示；手握鸡翅，刀跟抵住三叉骨（见图 2-28），拉下鸡脯肉，如图 2-29 所示，切掉鸡翅。

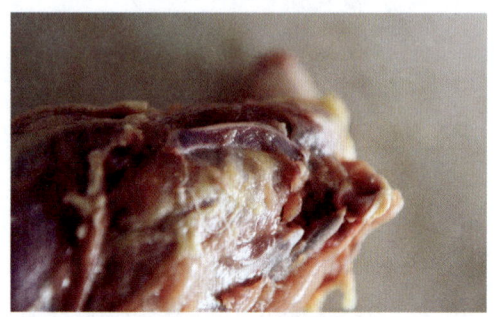

图 2-26　乌喙骨

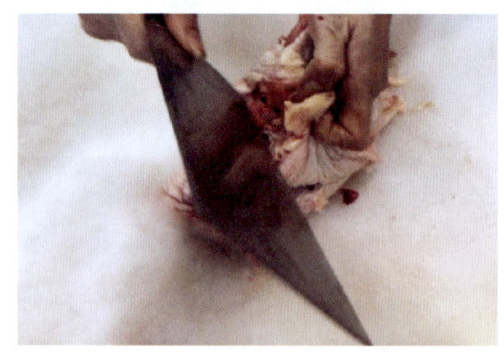

图 2-29　抵住三叉骨，拉下鸡脯肉

步骤 5　割断里脊肉周围的筋膜，取下里脊肉，如图 2-30 所示。将上述拆好的部位整齐放置在不锈钢方盘上。

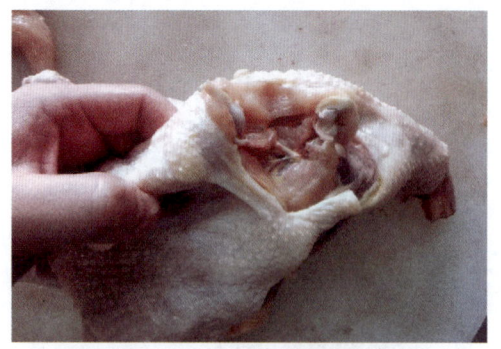

图 2-27　划断乌喙骨周围的筋膜

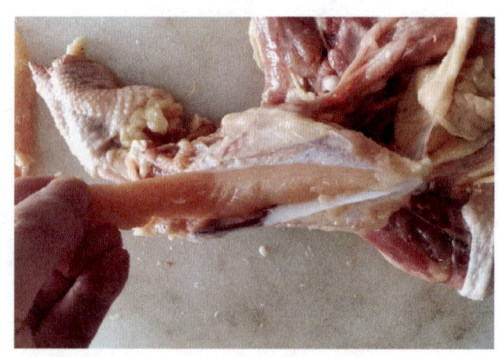

图 2-30　取下里脊肉

鸭分档取料

质量指标

1. 分档原料摆放整齐。
2. 分档原料能适用于精细刀工处理。
3. 肉形完整，肉不带皮，皮不带肉，骨不带肉。

操作准备

工具准备

（1）不锈钢方盘1只。
（2）塑料砧板1块。
（3）片刀1把。

原料准备

净膛光草鸭1只（1 750 g）。

操作步骤

步骤1 斩去鸭脚和鸭头，沿着脊

背从头到尾将鸭皮划破至脊骨，如图 2-31 所示。

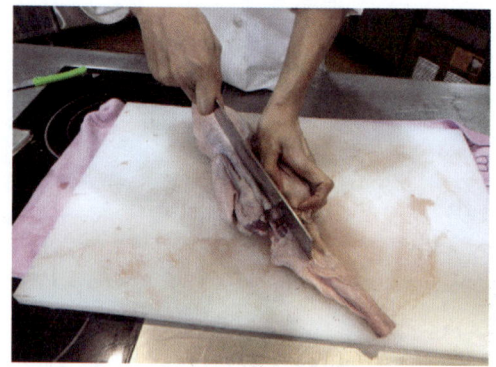

图 2-31 划破背部鸭皮至脊骨

步骤 2 将鸭两面大腿内侧的皮切破，如图 2-32 所示，并将大腿骨反向掰脱臼，如图 2-33 所示。

步骤 3 割断腰眼骨和大腿周围的筋膜，分别拉下两个鸭大腿，如图 2-34 所示；在大腿骨内侧沿着骨头划开，如图 2-35 所示，取出大腿骨、小腿骨、膝盖骨和牙签骨。

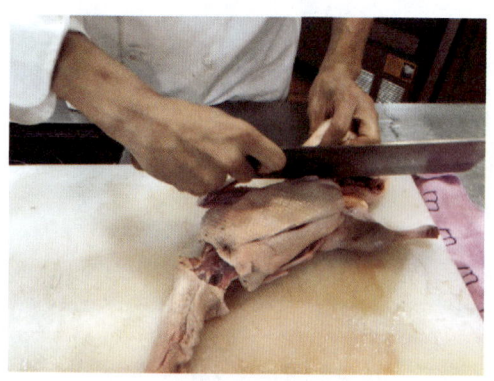

图 2-32 切破大腿内侧的皮

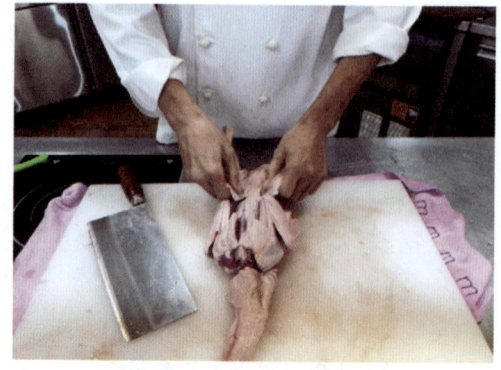

图 2-33 将大腿骨反向掰脱臼

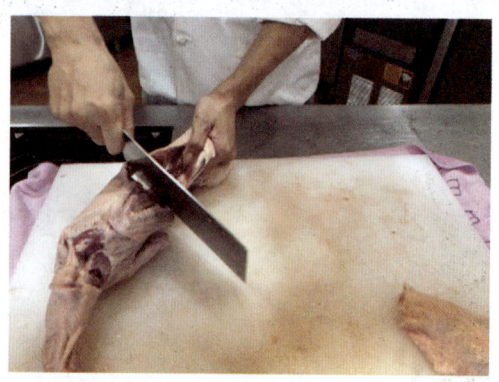

图 2-34 拉下大腿

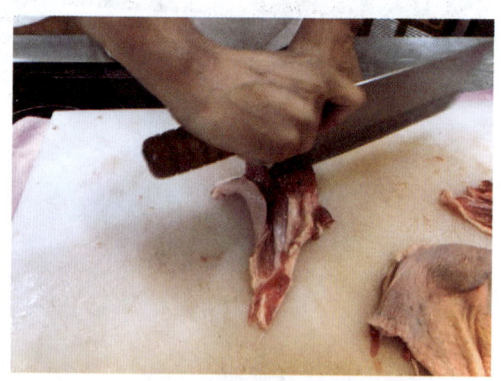

图 2-35 在大腿骨内侧沿着骨头划开

步骤 4 从肩胛骨进刀，划断乌喙骨周围的筋膜，如图 2-36 所示；手握鸭翅，刀跟抵住三叉骨，拉下鸭脯肉，如图 2-37 所示，切掉鸭翅。

步骤 5 割断里脊肉周围的筋膜，取下里脊肉。将上述拆好的部位整齐放置在不锈钢方盘上。

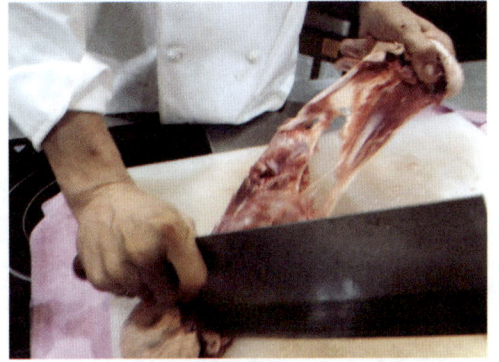

图 2-37 抵住三叉骨，拉下鸭脯肉

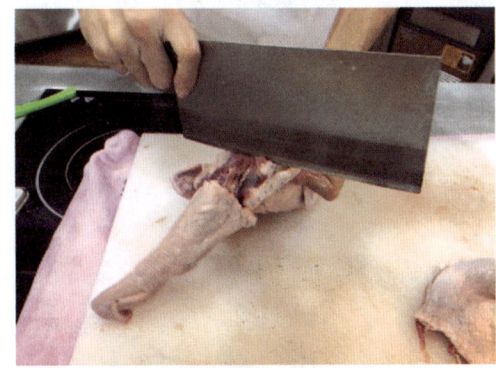

图 2-36 划断鸟喙骨周围的筋膜

质量指标

1 分档原料摆放整齐。

2 分档原料能适用于精细刀工处理。

3 肉形完整，肉不带皮，皮不带肉，骨不带肉。

划鳝背

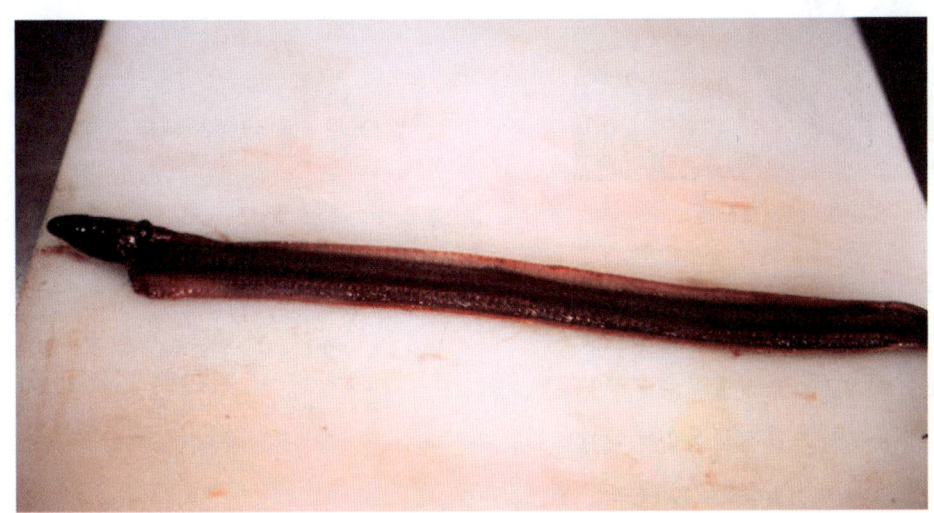

操作准备

工具准备

（1）木质砧墩 1 块。
（2）钉子 1 个。
（3）食品雕刻主刀 1 把。

原料准备

鲜活大黄鳝 2 条（500 g）。

图 2-39　顺龙骨划开背部

步骤 3　用刀从黄鳝头的刀口处向下划，将龙骨取出，如图 2-40 所示。

操作步骤

步骤 1　将黄鳝摔晕，然后头朝前、背朝右钉在木质砧墩上，如图 2-38 所示。

图 2-38　将黄鳝钉在砧板上

步骤 2　一手将黄鳝捋直，使其不弯曲，另一手用刀从头的下方背部切入至龙骨上沿处，将刀平贴着龙骨，顺龙骨划开背部，注意一刀划至尾部，刀尖不可划破腹部，使腹部相连，如图 2-39 所示。

图 2-40　去龙骨

质量指标

1. 分档原料摆放整齐。
2. 分档原料能适用于精细刀工处理。
3. 肉形完整，骨不带肉。

划鳝丝

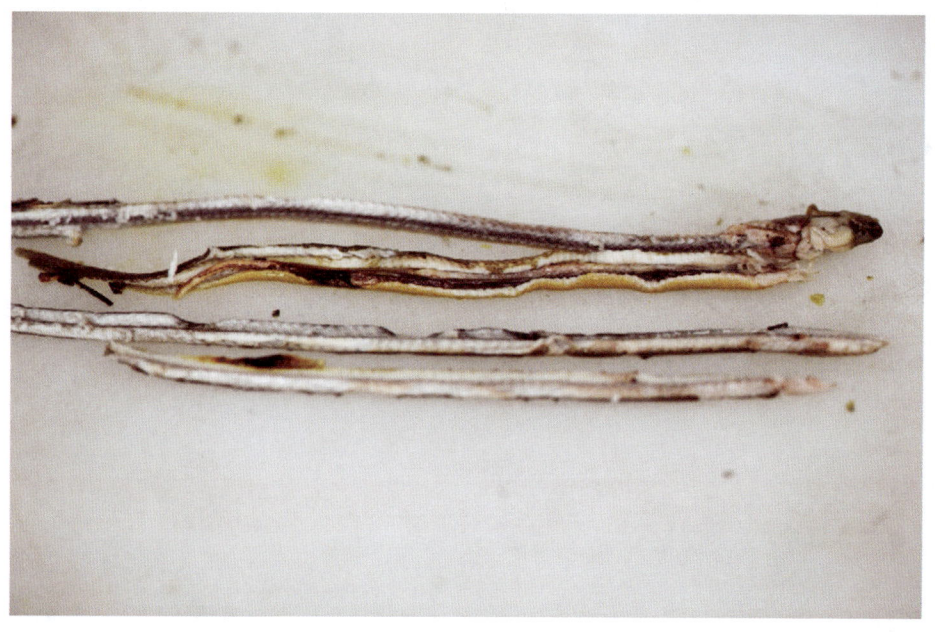

操作准备

工具准备

（1）塑料砧板1块。
（2）食品雕刻主刀1把。

原料准备

鲜活黄鳝2条（300 g）。

操作步骤

步骤1 将鲜活黄鳝放在冷水锅中，水浸没原料，加适量醋和盐，将锅盖盖严。

步骤2 把锅放在火上煮8分钟左右，待黄鳝嘴张开即可捞出。

步骤3 将刀竖贴着黄鳝背部下刀，划出3~4条长丝，去骨，如图2-41所示。

步骤4 把划好的鳝丝洗净。

/ 中式烹饪基础

图 2-41 划鳝丝

质量指标

1 分档原料摆放整齐。

2 分档原料能适用于精细刀工处理。

3 肉形完整，骨不带肉。

刀工成形

切肉丝

060 /

操作准备

工具准备

（1）圆盘1只（直径6英寸，白色）。
（2）塑料砧板1块。
（3）片刀1把。

原料准备

猪瘦肉 250 g。

操作步骤

步骤1 将猪肉的筋膜去掉，切成 7~8 cm 长的段。

步骤2 将猪肉平放于砧板上，使其纤维纹理顺着刀切方向，左手手掌按稳原料，右手运用平刀法中的下批法将猪肉批成 2.5 mm 厚的片，如图 2-42 所示。

图 2-42　批片

步骤3 每批一片肉片，便将其整齐地叠放在前一片的 1/2 处。

步骤4 向肉片表面淋上少许水，用直刀法中的小推切法（小幅度地推切，刀尖碰到砧板后一触即收）将肉片切成 2.5 mm 见方的丝，如图 2-43 所示；最后将其整齐堆拢，放在盛器中。

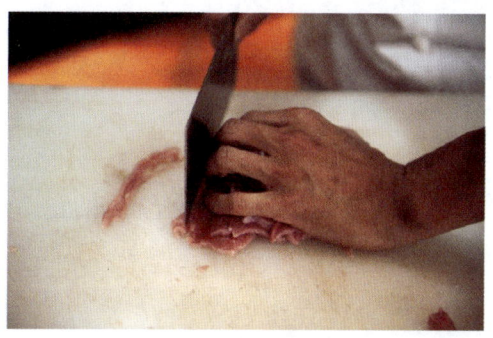

图 2-43　切丝

质量指标

1. 长短（7~8 cm）一致。
2. 粗细（2.5 mm 见方）均匀。
3. 肉丝干净，无碎粒、脏污。

切姜丝

操作准备

工具准备

（1）圆盘1只（直径6英寸，白色）。
（2）塑料砧板1块。
（3）片刀1把。

原料准备

嫩生姜1块（50 g以上）。

操作步骤

步骤1 将生姜去皮，切成5 cm长、1.8 cm宽的长方块。

步骤2 将左手食指和中指分开按在姜块的两端（短边），右手运用平刀法中的上批法将姜块批成0.4 mm厚的片，如图2-44所示。

图2-44 批片

步骤3 每批一片姜片，便将其整齐地叠放在前一片的1/2处。

步骤4 向姜片表面淋上少许水，

用直刀法中的小推切法将姜片切成 0.4 mm 见方的丝，如图 2-45 所示；最后将其整齐堆拢，放在盛器中。

1. 长短（5 cm）一致，粗细（0.4 mm 见方）均匀。

质量指标

2. 刀口光滑，不连，不碎。

3. 重量达标（至少 50 g）。

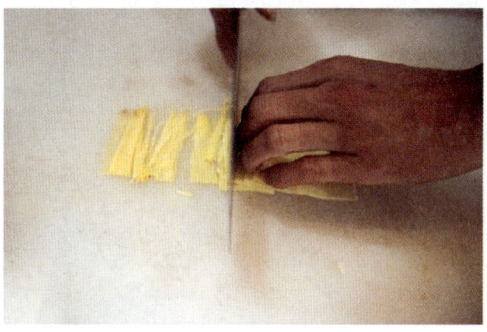

图 2-45 切丝

切土豆丝

操作准备

工具准备

（1）圆盘1只（直径6英寸，白色）。
（2）塑料砧板1块。
（3）片刀1把。

原料准备

土豆1只（50 g以上）。

操作步骤

步骤1 将土豆去皮，切成7~8 cm长、2.5 cm宽的长方块。

步骤2 将左手食指和中指分开按在土豆块的两端（短边），右手运用平刀法中的上批法将土豆块批成0.4 mm厚的片，如图2-46所示。

图2-46 批片

步骤3 每批一片土豆片，便将其整齐地叠放在前一片的1/2处。

步骤4 向土豆片表面淋上少许水，用直刀法中的小推切法将土豆片切成0.4 mm见方的丝，如图2-47所示；最后将其整齐堆拢，放在盛器中。

图2-47 切丝

质量指标

1. 长短（7~8 cm）一致，粗细（0.4 mm见方）均匀。
2. 刀口光滑，不连，不碎。
3. 重量达标（至少50 g）。

项目 2　原料加工

批姜片

操作准备

工具准备

（1）圆盘 1 只（直径 6 英寸，白色）。
（2）塑料砧板 1 块。
（3）片刀 1 把。

原料准备

嫩生姜 1 块（50 g）。

操作步骤

步骤 1　将生姜去皮，切成 5 cm 长、1.8 cm 宽的长方块。

步骤 2　将左手食指和中指分开按在姜块的两端（短边），右手运用平刀法中的上批法将姜块批成 0.2 mm 厚的片，如图 2-48 所示。

图 2-48　批片

步骤 3　将姜片整齐排放在盛器中，数量不得少于 20 片。

/065

质量指标

1. 大小（5 cm×1.8 cm）一致，厚薄均匀，呈透明状。
2. 片形光滑完整，不连，不破。
3. 数量达标（至少20片）。

刀工美化

剞鱿鱼卷

操作准备

工具准备

（1）圆盘1只（直径6英寸，白色）。

（2）塑料砧板1块。

（3）片刀1把。

原料准备

鱿鱼1只（500 g）。

操作步骤

步骤1 将鱿鱼去头须、内脏膜，中间对切，如图2-49所示，把四边修整齐，使其呈长方片。

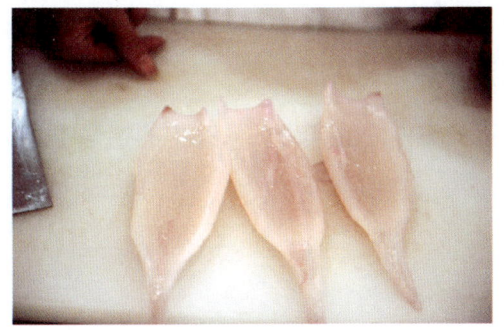

图2-49 改刀

步骤2 将鱿鱼放在砧板上，从一个角下刀，刀与鱿鱼的夹角呈45°，运用推刀剞法，剞至鱿鱼的4/5处收刀，间隔3 mm后重复剞，一直剞到尾部，如图2-50所示。

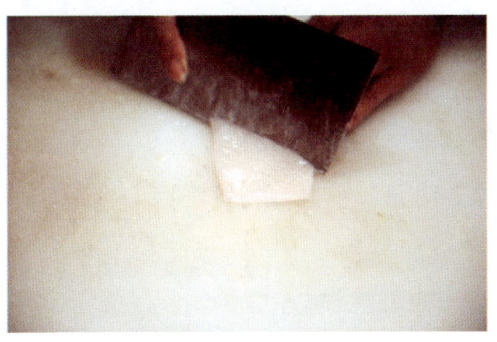

图2-50 推切

步骤3 从另一个角下刀，与之前的刀纹呈90°相交，运用直刀法中的推切法，剞至鱿鱼的4/5处收刀，间隔3 mm后重复剞，一直剞到尾部，如图2-51所示。

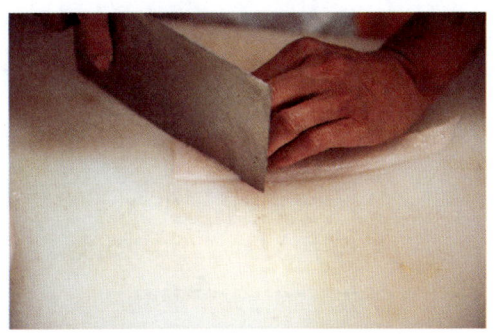

图2-51 与之前的刀纹呈90°剞

步骤4 把剞好的鱿鱼片翻过来，改刀成长方形（或正方形、三角形），放在沸水中烫至卷曲呈荔枝形，放在圆盘中。

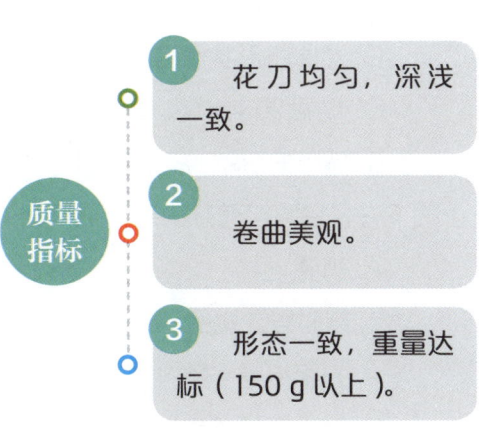

质量指标

1. 花刀均匀，深浅一致。
2. 卷曲美观。
3. 形态一致，重量达标（150 g以上）。

练习与检测

一、判断题（将判断结果填入括号中，正确的填"√"，错误的填"×"）

1. 片由切或批形成。（　　）
2. 剞花刀的过程是对平刀法、直刀法、斜刀法的综合运用。（　　）
3. 操作过程中刀面与砧板呈180°的刀法称为平刀法。（　　）
4. 剞时运刀要灵活自如，落刀要轻重得当，具有鲜明的节奏感。（　　）
5. 操作过程中刀面与原料呈直角的刀法称为直切法。（　　）

二、单项选择题（选择一个正确的答案，将相应的字母填入题内的括号中）

1. 反斜刀适用于韧性大的原料，如熟肚等，其操作要求是（　　）。

    A. 右手持刀，刀背向外倾斜

    B. 左手指背贴着垂直的刀身

    C. 刀背向里，刀刃向外，进刀后由里向外将原料片断

    D. 刀身平放，批进原料后向前推移

2. 混合刀法的操作要点是（　　）。

    A. 持刀稳，下刀准，用力均衡，运刀倾斜角度一致，刀距均匀、整齐

    B. 运刀深度一般为原料的1/2或1/3，对于少数韧性大的原料，可深达原料的2/5

    C. 对原料形状没有要求

    D. 根据原料性能，刀纹可以深浅不一，刀距可以不等

3. 采用拍刀剁时，右手持刀架在要劈开的原料部位上，左手掌根在刀背上猛拍下去，将原料劈开。适合拍刀剁的家禽原料部位是（　　）。

    A. 鸡肫　　　B. 鸡脯肉　　　C. 鸭肠　　　D. 鸭翅膀

4. 剞时要注意的事项是（　　）。

    A. 刀距相等，整齐均匀　　　B. 剞得越浅越好

    C. 剞得深浅一致　　　D. 刀距要大

5. 猪肉的特点是（　　）。

    A. 猪肉本身有腥味，肌纤维细而柔软，肉质细嫩

B. 肉色较淡，瘦肉的蛋白质含量约为 50%，并富含 B 族维生素

C. 结缔组织多而柔软

D. 脂肪组织多，肥膘厚，而且肌间脂肪也较其他畜肉多

参考答案

一、判断题

1. √ 2. √ 3. √ 4. √ 5. ×

二、单项选择题

1. C 2. A 3. D 4. A 5. A

项目3 冷盘制作

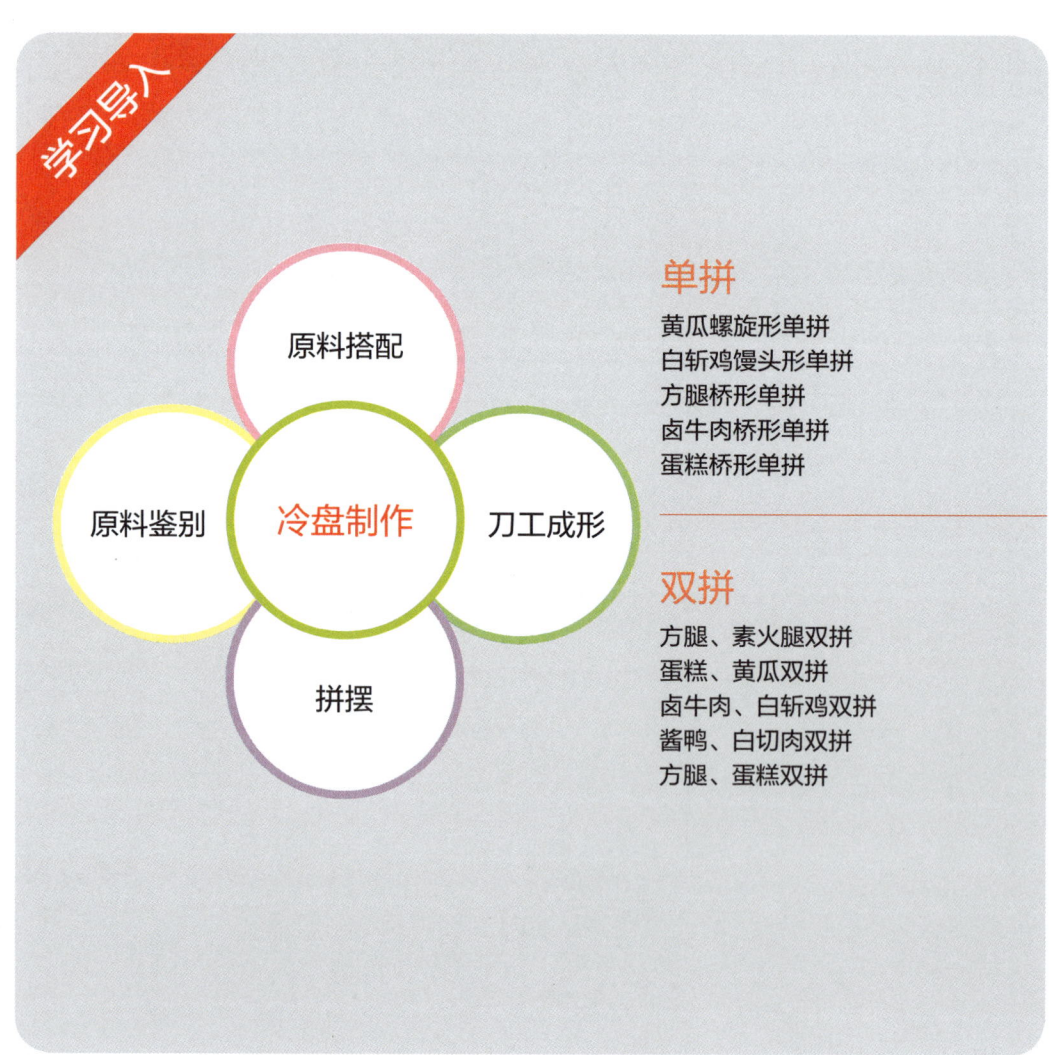

学习导入

单拼
黄瓜螺旋形单拼
白斩鸡馒头形单拼
方腿桥形单拼
卤牛肉桥形单拼
蛋糕桥形单拼

双拼
方腿、素火腿双拼
蛋糕、黄瓜双拼
卤牛肉、白斩鸡双拼
酱鸭、白切肉双拼
方腿、蛋糕双拼

原料搭配 · 原料鉴别 · 冷盘制作 · 刀工成形 · 拼摆

学习单元 1

冷盘基础

学习目标

1. 了解冷盘的概念
2. 了解冷盘的特点与作用
3. 熟悉冷盘的分类
4. 掌握冷盘构思的原则与要求

一、冷盘的概念

冷盘在饮食业俗称冷菜、凉菜。冷盘是具有独特风格的菜肴，拼摆技术性强，大多冷食。冷盘的主要特点是：选料精细，口味清香，爽口不腻，色泽艳丽，造型整齐美观，拼摆和谐悦目。

二、冷盘的特点与作用

1. 入席首道菜肴

冷盘常以第一道菜入席，可以点饥、开胃。冷盘很讲究装盘工艺，其形、色对整桌菜肴的呈现效果有影响，特别是一些图案装饰冷盘，具有较高的欣赏价值，不仅能使人心旷神怡、兴趣盎然，从而增进食欲，而且对活跃宴会气氛也有一定的作用。

2. 滋味相对稳定

冷盘冷食，不受温度限制，在宴席上放久了滋味也不会受到影响。这种特性适应宴席上宾主边吃边饮、相互交谈的场景。因此，冷盘是理想的佐酒佳肴。冷盘由于风味殊异、自成一格，因此还可独立成席，如冷餐宴会、鸡尾酒会等，其菜肴主要由冷盘组成。

3. 可以大量制作

由于冷盘不像热菜那样需要随炒随吃，因此可以提前准备，大量制作。开展快餐业务或举行大型宴会时，冷盘能缓解烹饪方面的紧张程度。

4. 携带食用方便

冷盘一般具有无汁无腻等特点，因此便于携带，可作为馈赠亲友的礼品。冷盘不需加热，也适合在旅途中食用。

5.可作橱窗菜品展示

由于冷盘没有热气，又可以久搁，因此是橱窗陈列的理想菜品。这既能呈现冷盘的直观造型，又能展示厨师的技术水平，对饭店开展业务有一定的积极作用。

三、冷盘的分类

1.按品种数量分

冷盘按原料品种数量大致可分为单拼、双拼、三拼、什锦拼。

2.按拼摆形式分

冷盘按拼摆形式大致可分为馒头形冷盘、桥形冷盘、四方形冷盘、菱形冷盘、花朵形冷盘、扇形冷盘、螺旋形冷盘等。

四、冷盘构思的原则与要求

1.冷盘构思的原则

（1）先主后次。先考虑主料（用于构建冷盘主要部分）的造型和定位，再构思辅料（用于构建冷盘辅助部分）的造型和定位。

（2）先大后小。先考虑大型原料的造型和定位，再构思小型原料的造型和定位。大型原料的造型和定位先确定了，小型原料的造型和定位就更加得心应手了。

（3）先远后进。先考虑远景的造型和定位，再构思近景的造型和定位。

（4）先上后下。先考虑上面部分的造型和定位，再构思下面部分的造型和定位。

2.冷盘构思的要求

（1）各种颜色要搭配得当，相近的颜色要间隔开。

（2）各种不同质地的原料要相互配合，软硬搭配，能定形的原料要整齐地摆在表面，碎小的原料可以垫底。

（3）要注意口味上的搭配，一个冷盘要尽量含有多种口味。

（4）要注意季节的变化，夏季宜清淡爽口，冬季宜浓厚味醇。

（5）要注意盛装器皿的选择，使原料与器皿搭配协调。

学习单元 2

冷盘原料

学习目标

1. 了解冷盘原料的属性
2. 熟悉冷盘原料的特点
3. 了解冷盘原料的鉴别
4. 掌握冷盘原料搭配

一、蔬果类冷盘原料

根菜类、茎菜类、叶菜类、花菜类、果菜类原料都可以用于制作蔬果类冷盘。

蔬果类冷盘原料的特性、鉴别方法参见项目2中的相关内容。

二、禽蛋制品类冷盘原料

鸡、鸭、鹅及其蛋制品在冷盘中较为常见。鸡、鸭、鹅的特性、鉴别方法参见项目1和项目2中的相关内容。除鸡蛋、鸭蛋、鹅蛋外，鸽蛋、鹌鹑蛋等也较常在冷盘中使用。在冷盘中，蛋可用于制作蛋清糕和蛋黄糕，也可用于制作蛋制品如皮蛋、咸蛋、糟蛋等。

鲜蛋的感官评定分为蛋壳评定和打开评定。蛋壳评定方法包括眼看、手摸、耳听、鼻嗅等，也可借助灯光透视进行评定。打开评定是指将鲜蛋打开，观察其内容物的颜色、稠度、性状等，并检查其有无血液、胚胎是否发育、有无异味等。

蛋制品的感官评定指标主要包括色泽、形态等，同时应注意是否有杂质、异味，是否产生霉变，是否生虫，是否包装良好等情况，以及是否具有蛋制品本身固有的气味或滋味等。

三、畜肉类冷盘原料

畜肉类冷盘原料的特性参见项目2中的相关内容。

畜肉类冷盘原料的品质由肉的新鲜度决定，一般用感官评定来检验，具体方法参见项目1和项目2中的相关内容，必要时可进行理化和微生物学方面的综合检验。

四、水产类冷盘原料

水产类冷盘原料的特性参见项目 2 中的相关内容。

水产类冷盘原料主要通过感官评定来检验其新鲜度，具体方法参见项目 1 和项目 2 中的相关内容。

五、豆制品类冷盘原料

1. 豆制品类冷盘原料的属性

豆制品主要分为两大类，即以大豆为原料的大豆制品和以其他豆类为原料的豆制品。与肉类相比，豆类蛋白质含量丰富，不含胆固醇，且饱和脂肪酸含量很低，对健康更为有利。豆制品包括豆腐、豆腐丝、豆腐干、腐竹等。

2. 豆制品类冷盘原料的特点

大豆经过加工不仅蛋白质含量不减，而且还提高了消化吸收率。同时，豆制品美味可口，促进食欲。豆制品的营养主要体现在其丰富的蛋白质含量上。豆制品所含人体必需氨基酸的种类与动物蛋白所含的相似，也含有钙、磷、铁等人体必需的矿物质，还含有维生素 B_1、维生素 B_2 和纤维素等。豆制品中不含胆固醇，因此有人提倡肥胖、动脉硬化、高脂血症、高血压、冠心病等患者多吃豆制品。

3. 豆制品类冷盘原料的鉴别

豆制品的感官评定方法主要包括观察色泽及组织状态、用手触摸、嗅气味和尝滋味等。进行感官评定时，应重点关注豆制品的色泽有无变化，手摸时有无发黏的感觉，以及发黏的程度如何。用不同品种的豆类制成的豆制品具有不同的气味和滋味，熟悉其气味和滋味对评定豆制品质量优劣极其重要。豆制品一旦变质，就可通过鼻闻、口尝感觉到。

六、冷盘原料搭配

1. 营养搭配

冷盘可以采用多种食材进行混合搭配，可以荤素搭配或素菜搭配或荤菜搭配。搭配时，要注意各种原料营养互补，避免食物相克。

2. 口感搭配

食材间的搭配要使最终的菜肴在口感上有层次感，且口感过渡要自然。例如，软性原料可搭配软性原料或韧性原料，若要搭配坚果类原料，则要对坚果类原料进行切碎处理等。

3. 烹调方法搭配

由于冷盘一般具有无汁无腻等特点，因此不能选择成菜会有大量汤水的烹调方法。同时，要避免将成菜质感差异性很大的几种烹调方法搭配在一起，如拌菜和炸菜搭配就很不协调。

4. 口味搭配

在冷盘口味搭配上，可以借鉴常用的复合味型，如咸味和鲜味搭配，甜味和酸味搭配。要避免口味重叠或口味相冲，形成怪异的味道。

5. 构思与构图搭配

冷盘应从宴席的主题、人力和时间、宴席的标准三个方面进行构思。

构图就是根据构思设计图案，包括图案构成的色彩规律和图案的形式美法则。设计和制作冷盘时，要进行合理构图，使整体美观。

学习单元 3

冷盘原料刀工成形

 学习目标

1. 掌握冷盘原料刀法处理
2. 熟悉冷盘原料刀工成形规格

一、冷盘原料刀法处理

1. 蔬果类冷盘原料刀法处理

蔬果类冷盘原料适合用平推批、旋料批、直切、推切、滚刀切、正斜刀、反斜刀、排剁等刀法进行处理。

2. 禽蛋制品类冷盘原料刀法处理

禽蛋制品类冷盘原料适合用拍刀剁、刀跟排、翻刀切、直切、推切、拉切、平拉批等刀法进行处理。

3. 畜肉类冷盘原料刀法处理

畜肉类冷盘原料适合用直剁、排剁、斩剁、直切、推切、平拉批等刀法进行处理。

4. 水产类冷盘原料刀法处理

水产类冷盘原料适合用直剁、斩剁、直切、推切、拉切、平拉批等刀法进行处理。

5. 豆制品类冷盘原料刀法处理

豆制品类冷盘原料适合用波浪批、锯批、正斜刀、反斜刀、直切、推切等刀法进行处理。

二、冷盘原料刀工成形规格

1. 禽蛋制品类原料刀工成形规格

在冷盘中，禽蛋制品类原料常常刀工处理成以下形态规格：

- 头粗丝，长 7~8 cm，粗 0.4 cm 左右；
- 长方片、骨牌片、菱形片；

- 筷子条；
- 中丁，即 2 cm 左右见方的丁。

另外，也可以对禽蛋制品类原料进行各种花刀处理等。

2. 畜肉类原料刀工成形规格

在冷盘中，畜肉类原料常常刀工处理成以下形态规格：

- 二粗丝，长 7~8 cm，粗 0.3 cm 左右；
- 头粗丝，长 7~8 cm，粗 0.4 cm 左右；
- 长方片、骨牌片、菱形片、指甲片；
- 块；
- 各种规格的丁；
- 粒。

3. 鱼类原料刀工成形规格

在冷盘中，鱼类原料常常刀工处理成以下形态规格：

- 细丝，长 7~8 cm，粗 0.2 cm 左右；
- 二粗丝，长 7~8 cm，粗 0.3 cm 左右；
- 头粗丝，长 7~8 cm，粗 0.4 cm 左右；
- 长方片、骨牌片、菱形片；
- 块；
- 各种规格的丁；
- 粒；
- 米；
- 茸。

学习单元 4 冷盘拼摆

学习目标

1. 掌握冷盘拼摆的基本步骤
2. 掌握冷盘拼摆的基本技法

一、冷盘拼摆的基本步骤

1. 垫底

垫底就是根据已确定的构图，拼摆出造型的基础轮廓，也就是大体的布局，注意拼摆出的形体应饱满而有立体感。

2. 围边

围边又称镶边，是指在垫底后，根据成品形态的要求，对原料进行刀工处理，一边切一边将其拼摆在主料周围，进行刀面装饰。

> ■ 刀面是指将经过刀工处理的原料有规律地摆放后形成的形态。

3. 盖面

盖面是指在垫底和围边完成后，根据成品形态的要求，对原料进行刀工处理，一边切一边按照由低到高、从后向前、先主后副的顺序覆盖垫底和围边。盖面时，要求刀面整齐均匀且不呆板，注意原料的排列顺序、色彩搭配，以及形态的自然美。

二、冷盘拼摆的基本技法

1. 摆

摆是用精巧的刀把不同色彩、质地的原料加工成一定形状，按设计要求摆成各种图案（如动物或植物）的手法。摆常用于摆放陪衬物，具体应用时必须根据造型设计要求选择好摆放方位及摆放姿态，不仅要使冷盘形象逼真，还要使主体与陪衬物相协调。图 3-1 所示的冷盘就采用了摆的技法。

图 3-1　摆

2. 排

排是将切好的原料平排或叠排成行置于盘中的一种拼摆手法。在冷盘造型中，这是应用相当广泛的一种手法，主要用于组织刀面。用排的手法拼摆出的冷盘要求边齐、面平。有的适合排成锯齿形；有的适合逐层排；有的需要配色间隔排；有的需要平展，有的需要弯曲；有的需要大跨度，有的需要小距离。排列的好坏直接影响造型的成败。图 3-2 所示的冷盘就采用了排的技法。

图 3-2　排

3. 堆

堆是指将丝状、片状的原料堆摆在盘中。用堆法可以堆出多种形状，如宝塔形、假山形、三棱锥等。堆一般要求用有黏性的或水分不多的原料，否则容易坍塌。堆制手法简单，效果自然，适应面广，常常用于垫底。堆制的菜肴形态丰满，富有立体感，给人以实惠之感。另外，造型的衬托部分也可利用堆制法制作，堆积出具有自然效果的山、石、花坛等形状。图3-3所示的冷盘就采用了堆的技法。

图3-3 堆

4. 叠

叠是指将切好的原料（通常以薄片为主）一片片整齐地叠成梯形或瓦片形。运用叠法时，一般切一片叠一片，随切随叠。叠大多使用无骨、有韧性、脆的原料。叠时要求落手轻巧，不要弄塌垫底，也不要碰坏已叠好的原料。覆盖要严密，不能露出垫底。叠多用于拼摆鱼鳞、鸟羽形状。图3-4所示的冷盘就采

图3-4 叠

用了叠的技法。

5. 贴

贴是指将原料用多种刀工处理成不同形状,并将其拼摆在已形成大体轮廓的冷盘上。贴法大多用于立体造型的花色冷盘,虫鸟类的胸腹部、翅膀、眼、鼻等就适合用贴法拼摆。花色冷盘讲究拼摆出生动、活泼、逼真的形象。贴是花色冷盘中较基本也较常用的技法,需要操作者有较高的刀工水平和艺术修养。贴一般要求原料片薄而轻盈,以便于贴附在主体上。图3-5所示的冷盘就采用了贴的技法。

图 3-5 贴

6. 覆

覆是将冷菜排列在一盛器中或刀面上,再反扣在盘面或菜上的一种手法。此法有简有繁。简覆,就是将盘面装好之后,再用质量比较好、价格比较高的原料覆盖其表面,用于菜肴的点缀或表明菜肴的等级,如图3-6所示。繁覆,就是将原料加工成形后排列在造型模具或扣碗中,浇上卤汁或冻汁,同时进行必要的装饰,待入味并冷却凝固后再反扣入盘中,使其形成美丽的图案,如图3-7所示。

图 3-6　简覆

图 3-7　繁覆

7. 围

围是指将经过刀工处理的原料按照一定的形状排列成环形。围有围边、排围、叠围三种。图 3-8 所示的冷盘采用了围边的技法，图 3-9 所示的冷盘采用了排围的技法，图 3-10 所示的冷盘采用了叠围的技法。

图 3-8　围边

图 3-9　排围

图 3-10　叠围

8. 卷

卷是制作花色冷盘不可或缺的手法，是指用一种原料做外皮包卷起另一种或多种原料，再改刀成不同形状或直接使用。卷对技巧熟练度和艺术素养的要求比较高。图 3-11 所示的冷盘就采用了卷的技法。

图 3-11　卷

9. 扎

扎是为了造型，将冷盘原料捆扎起来，使之牢固而不松散的一种辅助手法。扎法虽运用不多，却是某些冷盘制作过程中必不可少的技法。如花篮冷盘中的篮体，虽然其内部装满食物，但篮面是倾斜的，如果用线料捆扎一下，就会使其更牢固。常用作线料的原料有芹菜梗丝、海带丝、蒜薹丝等。图 3-12 所示的冷盘就采用了扎的技法。

图 3-12　扎

10. 点缀与裱绘

为了更好地突出主体，弥补造型不足或增强效果，通常在装盘基本完成后，根据盘子和原料的情况，在盘子的空白区域或已拼摆好的原料上用一些可食用原料适当加以点缀，如图 3-13 所示；或用菜肴的酱汁（或茸、泥原料）结合裱花手法增加艺术效果，如图 3-14 所示。

图 3-13　点缀

图 3-14　裱绘

学习单元 5

双拼冷盘

 学习目标

1. 了解双拼冷盘的色彩搭配
2. 掌握双拼冷盘的制作要点

一、双拼冷盘的色彩搭配

冷盘制作是我国烹饪艺术中的一朵奇葩。它不仅要求厨师刀工娴熟、刀法多样，使作品形态逼真，而且要求色彩搭配达到一定的艺术境界，给人一种美的享受。

在双拼冷盘（即用两种原料进行装盘造型的冷盘）制作中，原料色彩搭配恰当与否直接关系菜肴品质高低。良好的色彩搭配能自然触发食客对菜肴的联想。在教学中，应注重双拼冷盘的色彩搭配。

1. 鲜明与协调

将原料进行互补色或对比色搭配，则菜肴色调鲜明。协调是指色调和谐统一，用同色系的颜色搭配出来的菜肴整体色彩较雅致或清新。

2. 主色与辅色

主色在美术上称为基调。就烹饪而言，一道菜的颜色要分清主次，一般应以主料的色为主色，以辅料的色为辅色。辅色起点缀、衬托的作用。

3. 暖色与冷色

红色、黄色等称为暖色，蓝色、绿色等称为冷色。暖色可以使人兴奋，刺激食欲，还可以增强宴席的欢乐气氛。冷色一般只要搭配点其他的色彩就能营造出良好的视觉效果。一道双拼冷盘太红、太绿都不好，要做到色彩协调。

二、双拼冷盘的制作要点

1. 双拼冷盘的制作原则

双拼冷盘的选料可以是一荤一素，也可以是两荤或两素。无论选择哪种搭配，都必须注意两种原料的颜色要有明显区别，口味要有明显区别，不能是同色系或同味型的。

2. 双拼冷盘的制作要求

双拼冷盘在制作加工中的基本要求如下：

- 使原料便于食用；
- 两样原料协调美观，相互不串味，营养搭配合理；
- 讲究卫生；
- 选择合适的盛器；
- 物尽其用，即合理使用原料，不浪费。

 操作技能

单拼

黄瓜螺旋形单拼

操作准备

工具准备

（1）圆盘1只（直径6英寸，白色）。

（2）木质砧墩1块。

（3）桑刀1把。

原料准备

黄瓜1根（直径为2.5 cm左右），精盐少许。

操作步骤

步骤1 将黄瓜对剖成长条;取其中一条,在 1/3 处切开;两头边角料一部分切片,稍垫底,一部分留待最后封顶用,如图 3-15 所示。

图 3-15 取料并垫底

步骤2 将剩余的黄瓜切成梳子花刀(连刀不断,一边留 2 mm,刀距 1.5 mm),如图 3-16 所示。将切好的黄瓜用盐水略微腌渍一下。

图 3-16 梳子花刀

步骤3 将切好梳子花刀的黄瓜(最长的一段)顺时针围一圈,中间再稍加些用于垫底的黄瓜片,如图 3-17 所示。

图 3-17 围一圈并再次垫底

步骤4 由下至上再重复围上两层,如图 3-18 所示,最后用一小段切成梳子花刀的黄瓜封顶。

图 3-18 再围两层

质量指标

1. 刀口光滑,刀距相等。
2. 形态饱满,中心对称。
3. 盘形层次清晰,收口小,整体美观。
4. 完全覆盖,不露底料。

白斩鸡馒头形单拼

操作准备

工具准备

(1)圆盘1只(直径6英寸,白色)。

(2)塑料砧板1块。

(3)桑刀1把。

原料准备

熟白斩鸡半只。

操作步骤

步骤1 去除熟白斩鸡的翅膀,拆掉所有的骨头。

步骤2 将鸡腿肉与鸡脯肉、鸡身分离,用刀面轻轻拍平整。

步骤3 将鸡身碎肉、边角料放盘子中间垫底,如图3-19所示。

图3-19 垫底

步骤4 将鸡腿肉一分为二,两边修成弧形,再用斜刀法将其片成6 cm长、1 cm宽的条,如图3-20所示;将改刀好的鸡腿肉放在垫底部分上面的两边,如图3-21所示。

图3-20 改刀

图3-21 围边

步骤5 将鸡脯肉也用斜刀法片成7 cm长、1 cm宽的条,覆盖在最上面。

步骤6 最后,用手将盘中的鸡肉整成馒头形。

质量指标

1. 刀口光滑,刀距相等。
2. 形态饱满,中心对称。
3. 盘形层次清晰,似馒头。
4. 完全覆盖,不露底料。

项目3 冷盘制作

方腿桥形单拼

操作准备

工具准备

（1）圆盘1只（直径6英寸，白色）。
（2）塑料砧板1块。
（3）桑刀1把。

原料准备

盐水方腿1只。

操作步骤

步骤1 将盐水方腿按长边3∶2的比例切成两块，一块（3/5）用于盖面，一块（2/5）对切（按厚边）用于围边。

步骤2 将边角料切成片或丝，放在盘子中间垫底。

步骤3 将用于围边的部分切成3 cm长、2 cm宽、2 mm厚的片，如图3-22所示；将其围在垫底部分的边上，如图3-23所示。

/ 091

| 中式烹饪基础

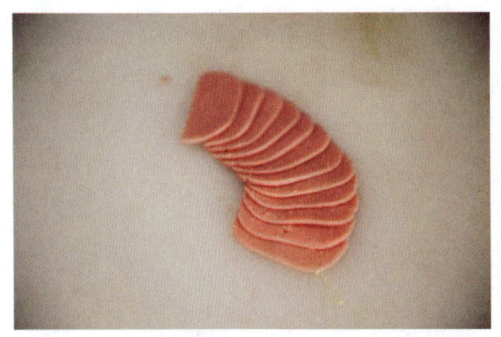

图 3-22 围边刀面

步骤 4 将用于盖面的部分切成 5 cm 长、2.5 cm 宽、2 mm 厚的片,覆盖在中间。

质量指标

1. 刀口光滑,刀距相等。
2. 形态饱满,中心对称。
3. 盘形层次清晰,整齐美观。
4. 完全覆盖,不露底料。

图 3-23 围边

卤牛肉桥形单拼

操作准备

工具准备

（1）圆盘1只（直径6英寸，白色）。
（2）塑料砧板1块。
（3）桑刀1把。

原料准备

卤牛肉（300 g）。

操作步骤

步骤1 将卤牛肉顺长对切，一半用于盖面，一半对切用于围边。

步骤2 将边角料切成片或丝，放在盘子中间垫底，如图3-24所示。

图3-24 垫底

步骤3 将用于围边的部分切成3 cm长、2 cm宽、2 mm厚的片，围在垫底部分的边上，如图3-25所示。

图 3-25　围边

步骤 4　将用于盖面的部分切成 5 cm 长、2.5 cm 宽、2 mm 厚的片，覆盖在中间。

质量指标

1. 刀口光滑，刀距相等。
2. 形态饱满，中心对称。
3. 盘形层次清晰，整齐美观。
4. 完全覆盖，不露底料。

蛋糕桥形单拼

操作准备

工具准备

（1）圆盘 1 只（直径 6 英寸，白色）。

（2）塑料砧板 1 块。

（3）桑刀 1 把。

原料准备

蛋黄糕（250 g）。

■ 将鸡蛋黄 200 g 和 1 只全蛋打匀，加少许水淀粉，保持沸水状态，用小火徐徐将其蒸成蛋黄糕。

操作步骤

步骤 1 将蛋黄糕顺长对切，一半用于盖面，一半对切用于围边。

步骤 2 将边角料切成片或丝，放在盘子中间垫底，如图 3-26 所示。

图 3-26 垫底

步骤 3 将用于围边的部分切成 3 cm 长、2 cm 宽、1.5 mm 厚的片，如图 3-27 所示，围在垫底部分的边上。

图 3-27 围边刀面

步骤 4 将用于盖面的部分切成 5 cm 长、2.5 cm 宽、1.5 mm 厚的片，覆盖在中间。

质量指标

1. 刀口光滑，刀距相等。
2. 形态饱满，中心对称。
3. 盘形层次清晰，整齐美观。
4. 完全覆盖，不露底料。

双拼

方腿、素火腿双拼

操作准备

工具准备

（1）圆盘1只（直径9英寸，白色）。

（2）塑料砧板1块。

（3）桑刀1把。

原料准备

盐水方腿（150 g以上），素火腿（150 g以上）。

操作步骤

步骤1 将盐水方腿和素火腿的边角料分别切成片或丝，分两半放在盘子中间垫底，要求互不串味，如图3-28所示。

步骤2 将素火腿用于围边的部分切成3.5 cm长、2.5 cm宽、2 mm厚的片，如图3-29所示，并将其围在素火腿底料一边，形成扇形。

项目 3 冷盘制作

图 3-28 分半垫底

图 3-29 素火腿围边刀面

步骤 3 将盐水方腿用于围边的部分也切成 3.5 cm 长、2.5 cm 宽、2 mm 厚的片，围在另一边，完成围边，如图 3-30 所示。

图 3-30 围边

步骤 4 将两种原料用于盖面的部分分别切成 4 cm 长、2.5 cm 宽、2 mm 厚的片，覆盖在各自围边部分的上面，两种原料相接。

质量指标

1. 片形完整一致，厚薄均匀。
2. 形态饱满，中心对称。
3. 每种双拼净料在 150 g 以上。
4. 不露底料。

蛋糕、黄瓜双拼

操作准备

工具准备

（1）圆盘1只（直径9英寸，白色）。

（2）塑料砧板1块。

（3）桑刀1把。

原料准备

蛋黄糕（150 g 以上），黄瓜1根（150 g 以上）。

操作步骤

步骤1 将蛋黄糕和黄瓜的边角料分别切成片或丝，分两半放在盘子中间垫底，要求互不串味，如图3-31所示。

图3-31 分半垫底

步骤2 将蛋黄糕用于围边的部分切成3.5 cm长、2.5 cm宽、1.5 mm厚的片，围在蛋黄糕底料一边，形成扇形，如图3-32所示。

步骤3 将黄瓜用于围边的部分也

切成3.5 cm长、2.5 cm宽、1.5 mm厚的片，围在另一边，如图3-33所示。

步骤4 将两种原料用于盖面的部分分别切成4 cm长、2.5 cm宽、1.5 mm厚的片，覆盖在各自围边部分的上面，两种原料相接。

图3-32 蛋黄糕围边

图3-33 黄瓜围边

质量指标

1. 片形完整一致，厚薄均匀。
2. 形态饱满，中心对称。
3. 每种双拼净料在150 g以上。
4. 不露底料。

卤牛肉、白斩鸡双拼

操作准备

工具准备

（1）圆盘 1 只（直径 9 英寸，白色）。
（2）塑料砧板 1 块。
（3）桑刀 1 把。

原料准备

卤牛肉（150 g 以上），白斩鸡半只（150 g 以上）。

操作步骤

步骤 1 去除白斩鸡的翅膀，拆掉所有骨头。将卤牛肉和白斩鸡的边角料分别切成片或丝，分两半放在盘子中间垫底，要求互不串味，如图 3-34 所示。

图 3-34　分半垫底

步骤 2 将卤牛肉用于围边的部分切成 3.5 cm 长、2.5 cm 宽、2 mm 厚的片，如图 3-35 所示，并将其围在卤牛肉底料一边，形成扇形。

图 3-35　卤牛肉围边刀面

步骤 3 将白斩鸡的鸡腿肉用斜刀法片成 3.5 cm 长、2.5 cm 宽（厚度随其本身形态），围在另一边，完成围边，如图 3-36 所示。

图 3-36　围边

步骤 4 将用于盖面的鸡脯肉和卤牛肉分别切成 4 cm 长、2.5 cm 宽（其中，卤牛肉厚 2 mm，鸡脯肉厚度随其本身形态），覆盖在各自围边部分的上面，两种原料相接。

质量指标

1. 片形完整一致,厚薄均匀。
2. 形态饱满,中心对称。
3. 每种双拼净料在150 g以上。
4. 不露底料。

酱鸭、白切肉双拼

操作准备

工具准备

(1)圆盘1只(直径9英寸,白色)。

(2)塑料砧板1块。

(3)桑刀1把。

原料准备

酱鸭小半只(150 g以上),白切肉(150 g以上)。

操作步骤

步骤 1 去除酱鸭的翅膀,拆掉所有骨头。将酱鸭和白切肉的边角料分别切成片或丝,分两半放在盘子中间垫底,要求互不串味,如图 3-37 所示。

图 3-37 分半垫底

步骤 2 将白切肉用于围边的部分切成 3.5 cm 长、2.5 cm 宽、2 mm 厚的片,围在白切肉底料一边,形成扇形,如图 3-38 所示。

图 3-38 白切肉围边

步骤 3 将酱鸭的鸭腿肉用斜刀法片成 3.5 cm 长、2.5 cm 宽(厚度随其本身形态),围在另一边。

步骤 4 将用于盖面的鸭胸肉和白切肉分别切成 4 cm 长、2.5 cm 宽(其中,白切肉厚 2 mm,鸭胸肉厚度随其本身形态),覆盖在各自围边部分的上面,两种原料相接。

质量指标

1. 片形完整一致,厚薄均匀。
2. 形态饱满,中心对称。
3. 每种双拼净料在 150 g 以上。
4. 不露底料。

项目3　冷盘制作

方腿、蛋糕双拼

操作准备

工具准备

（1）圆盘1只（直径9英寸，白色）。
（2）塑料砧板1块。
（3）桑刀1把。

原料准备

盐水方腿（150 g以上），蛋黄糕（150 g以上）。

操作步骤

步骤1　将盐水方腿和蛋黄糕的边角料分别切成片或丝，分两半放在盘子中间垫底，要求互不串味。

步骤2　将蛋黄糕用于围边的部分切成3.5 cm长、2.5 cm宽、2 mm厚的片，围在蛋黄糕底料一边，形成扇形，如图3-39所示。

图3-39　蛋黄糕围边

/ 103

步骤 3 将盐水方腿用于围边的部分切成 3.5 cm 长、2.5 cm 宽、2 mm 厚的片，围在另一边，如图 3-40 所示。

图 3-40　盐水方腿围边

步骤 4 将两种原料用于盖面的部分分别切成 4 cm 长、2.5 cm 宽、2 mm 厚的片，覆盖在各自围边部分的上面，两种原料相接。

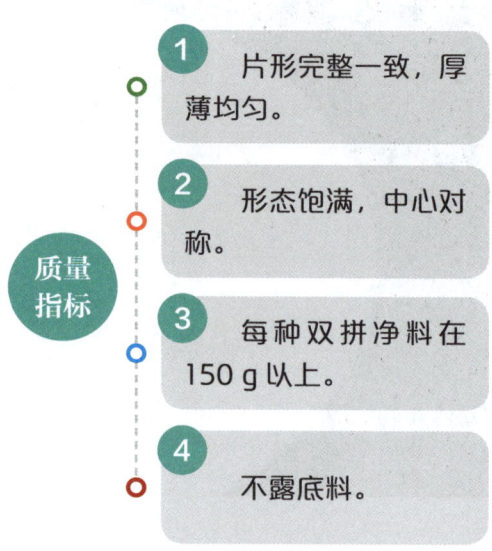

质量指标

1. 片形完整一致，厚薄均匀。
2. 形态饱满，中心对称。
3. 每种双拼净料在 150 g 以上。
4. 不露底料。

练习与检测

一、判断题（将判断结果填入括号中，正确的填"√"，错误的填"×"）

1. 冷盘可通过造型艺术，把宴席的主题充分体现出来。（　　）
2. 色香味美、造型不同的冷盘可以营造餐桌气氛，增进食欲。（　　）
3. 冷盘原料刀工成形是指将冷盘原料加工成不同形状。（　　）
4. 山羊主要以肉用为主，肉质比绵羊好。（　　）
5. 常用畜类品种有牛、猪、羊等。（　　）

二、单项选择题（选择一个正确的答案，将相应的字母填入题内的括号中）

1. 在上菜次序上，冷盘通常是最先上席的，起到的主要作用是（　　）。

   A. 点饥　　　　　　　　　　B. 开胃

   C. 刺激食欲　　　　　　　　D. 以上均正确

2. 冷盘是烹饪殿堂中一朵灿烂的奇葩，从艺术构思上看，其主要讲究（　　）。

   A. 寓意吉祥　　　　　　　　B. 布局严谨

   C. 刀工精细　　　　　　　　D. 食用性高

3. 螺旋形冷盘就是将冷菜切成单片或连刀片状，呈螺旋形拼摆在盘中，如螺旋形黄瓜、素鸡、盐水大虾等，常用于（　　）。

   A. 单拼　　　　　　　　　　B. 双拼

   C. 三拼　　　　　　　　　　D. 什锦拼

4. 冷盘拼摆要注意季节变化，夏季宜清淡爽口，冬季宜（　　）。

   A. 浓厚味醇

   B. 搭配多种口味

   C. 软硬搭配

   D. 注意盛装器皿的选择，使原料与器皿协调

5. 盖面的技术要点是（　　）。

   A. 将原料最优质部位切成整齐均匀的片、条、块等进行盖面

   B. 相叠后，用刀铲起，托着盖在垫底的原料上面

C. 要压住围边原料的一端

D. 用大小一致的粒等形状的原料盖面

参考答案

一、判断题

1. √   2. √   3. √   4. ×   5. √

二、单项选择题

1. D   2. A   3. A   4. A   5. A

项目 4　热菜制作

学习导入

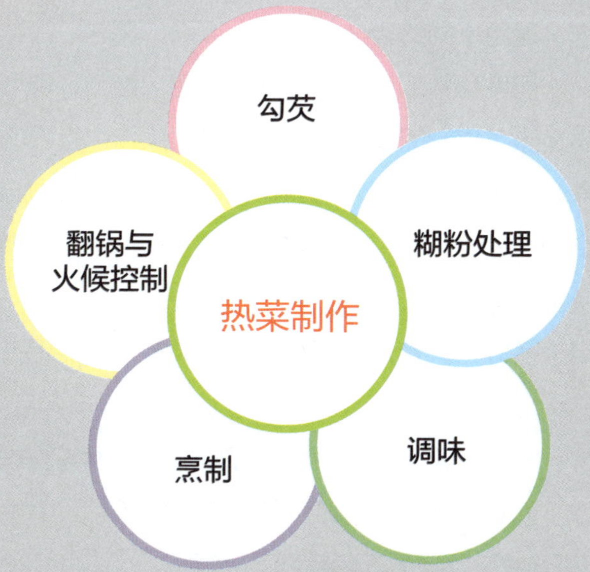

炒类菜肴
鱼香肉丝　　宫保鸡丁
青椒肉丝　　银芽肉丝
回锅肉

烧类菜肴
家常豆腐　　虾仁豆腐
响油鳝糊　　麻婆豆腐
红烧肚裆

炸类菜肴
椒盐排条　　香炸凤翼
咕咾肉　　　糖醋鱼块
芝麻鱼条

汤类菜肴
成都蛋汤　　三片汤
榨菜肉丝汤　酸辣汤
肉丝豆腐羹

热菜制作
- 勾芡
- 糊粉处理
- 调味
- 烹制
- 翻锅与火候控制

学习单元 1

翻锅与火候

学习目标

1. 了解翻锅的种类
2. 掌握各类翻锅的操作方法
3. 了解火候的种类
4. 能识别不同的火候
5. 掌握植物油在烹调加热中的变化
6. 能灵活运用火候

一、翻锅

1. 翻锅的概念

翻锅是根据菜肴的不同要求，运用不同的技法，娴熟、准确、及时、恰到好处地将原料在炒锅内进行翻动，从而使菜肴的受热、入味、着色、着芡、造型等达到菜品要求的一项技术。翻锅是热菜烹制的重要内容，是烹调操作中重要的基本功之一。厨师在制作各种菜肴时，可依据烹调方法的具体要求，运用臂力与腕力进行翻锅等操作，使原料在炒锅中受热均匀、入味均匀、着色均匀、挂浆均匀。

2. 翻锅的作用

翻锅可加快烹调速度，适用于强调旺火速成的炒、爆等烹调方法，能保持菜肴鲜、嫩、脆等特点。

翻锅可使原料不断移动变位，防止其在高温条件下和在短暂的时间内粘锅煳底，使菜肴受热均匀、成熟一致、调味全面、色泽相同，避免生熟不均、老嫩不一的情况，且原料在此过程中不易破碎，从而确保菜肴形态美观。

对于需要勾芡的菜肴，翻锅能使菜肴和芡汁交融，使芡汁均匀地黏附在主、辅料上，迅速地起到除腥解腻、提鲜增香等作用，且能美化菜肴的形态。

3. 翻锅的种类

根据原料形状、成品形态、着芡方法、火候要求、动作幅度等因素，翻锅可分为小翻锅、助翻锅、旋锅和大翻锅。

（1）小翻锅。小翻锅是一种常见的翻锅方法，主要适用于食材数量少、加热时间短、易成熟的菜肴。

小翻锅的具体方法是：左手握锅耳，炒锅略前倾，将原料送至炒锅前半部，快速将锅向后拉到一定位置，再轻轻用力向下拉压，使原料在锅中翻转，然后将原料运送到炒锅的前半部再拉回翻身，如此反复。小翻锅时，要做到炒锅不离火，动作敏捷快速，翻动自如，使烹制出的菜肴达到质量要求。

例如，制作宫保鸡丁时，勾芡、调味同时进行，必须用小翻锅技法来完成，使菜肴达到入味均匀、紧汁抱芡、明油亮芡、色泽金红的效果。又如，制作青椒肉丝时，原料入锅后，用小翻锅技法不停地翻动原料并随之加入调味品，使肉丝受热、入味均匀一致，成品达到咸鲜软嫩的质量要求。再如，制作糖醋排骨时，在主料加热成熟的过程中，用小翻锅技法有规律地进行翻动，勾芡时也用小翻锅技法边淋入水淀粉边翻动主料，使汤汁变稠且分布均匀，达到明油亮芡的最佳效果。

（2）助翻锅。助翻锅的具体方法是：左手握锅耳，右手持手勺置于炒锅上方里侧，在拉动炒锅翻动菜肴的同时，用手勺由后向前推动原料使之翻动。这种方法一般适用于食材数量较多、用其他方法难以翻动的菜肴，也可辅助小翻锅的有效实施。

例如，制作拔丝山药时要挂糖浆，虽然这是用小翻锅技法来完成的，但操作时必须辅以助翻锅的方法使原料翻动，即在推动原料翻起的一刹那将手勺探入尚未落下的菜肴底部，再在菜肴落在手勺上时将山药块分散落入炒锅内，只有通过如此反复连贯的动作才能使糖浆挂得更匀更好。

（3）旋锅。旋锅的具体方法是：左手握锅耳，通过手腕的力量有规律地将炒锅按顺时针方向进行旋转，通过炒锅的晃动带动菜肴在锅内转动。

旋锅适用于扒菜、锅贴菜和用整形原料制作的菜肴。

旋锅有以下作用：

1）调整锅内原料受热、着芡、上色的位置，使之均匀一致，避免原料煳底；

2）使淋入的明油分布更加均匀，减少原料与炒锅的摩擦，增加润滑度；

3）旋锅产生的惯性力使原料与炒锅之间产生一定的间隙，为大翻锅顺利进行奠定了基础；

4）炒锅与主料产生的摩擦使部分菜肴的表面亮度增加。

例如，制作红烧肚裆时，将煎好的肚裆鱼皮面朝下地放入炒锅内烧制，勾芡时，边旋锅边沿原料边缘淋入芡汁，使汤汁浓稠，芡汁分布各个部位，然后淋明油，旋锅调整位置，把握时机进行大翻锅，使色泽枣红明亮的鱼皮面朝上拖入盘中，其形、色甚是美观。

（4）大翻锅。大翻锅是指将炒锅内原料一次性做 180° 翻转，原料通过大翻锅达到"底朝天"的效果。大翻锅的动作幅度较大。

大翻锅的具体方法是：左手握锅耳，旋动炒锅，使菜肴也随之转动，将炒锅拉离火口并抬起随即送向右上方，将炒锅抬高，与灶面成 60°～70° 夹角扬起，在送出锅的同时用手臂轻轻地将炒锅向后拨拉，使原料腾空向后翻转，这时菜肴会产生一定的惯性力，为减轻惯性力的影响，要顺势使炒锅与原料一同下落，并使锅与灶台夹角变小并接住原料，如图 4-1 所示。上述一整套"拉、送、扬、接"动作要敏捷、准确，协调一致，一气呵成，不可停滞分解。

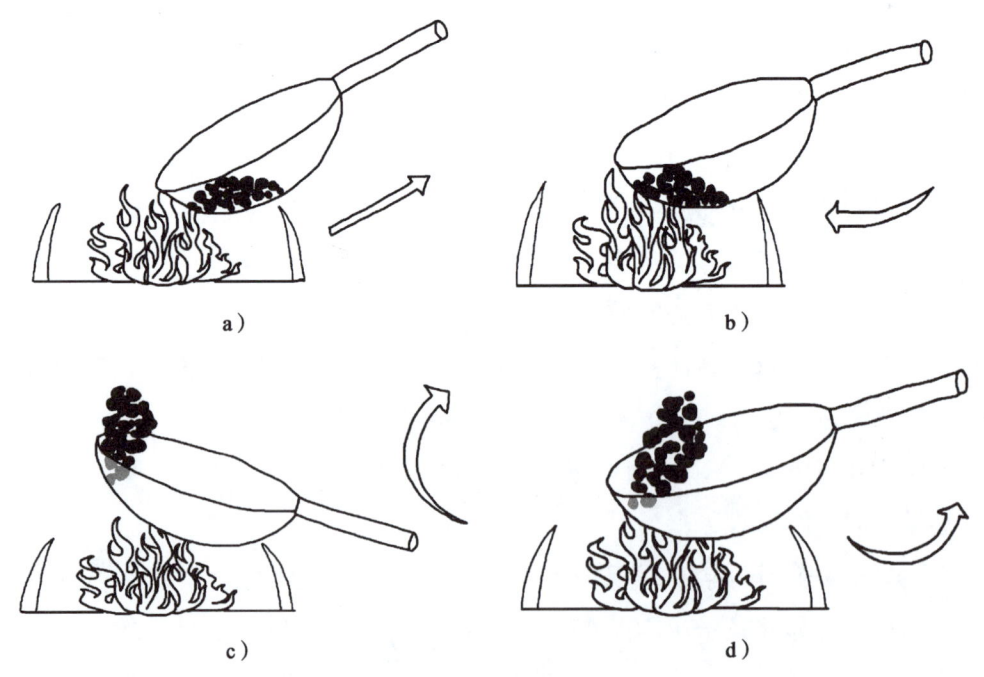

图 4-1　大翻锅
a）拉　b）送　c）扬　d）接

大翻锅适用于用整形原料制作的菜肴和要求造型美观的菜肴。例如，制作蟹黄扒菜心时，先将小菜心进行熟处理后码于盘中，再轻轻推入已调好的汤汁中，用小火扒入味，勾芡后，采用大翻锅的技法，使菜肴稳稳地落在炒锅中，其形状不散不乱，与码盘时的造型相同。制作类似于这样的菜肴，其翻锅技法非大翻锅莫属。又如，制作红烧黄鱼时，主料烧入味并勾芡后，可同样采用大翻锅技法，以便于将鱼体色泽、刀工、芡汁完美的一面展示给食客。

■ 大部分菜肴烹制时采用旋锅或小翻锅技法。

二、火候与植物油加热变化

1. 火候及其实质

火候是指烹饪时火力的大小和用火时间的长短。色、香、味是菜肴的关键所在，而决定菜肴色、香、味的关键便是火候。

无论何种菜肴，只要掌握火候便是掌握菜肴制作的精髓，烹饪出的菜肴不论是色泽还是味道都将处于上乘；反之，火候运用不到位，便会影响菜肴的质量。

在烹制的过程中，火候是区分烹调方法和菜肴风味的关键所在。没有有效掌握火候，便没有掌握好烹调方法，易使菜肴失去自身的风味特色。

2. 火候控制

火候控制是厨师的基本功之一，也是厨师需掌握的一项重要技术。在实践中，根据火焰高低及火焰颜色的不同，可将火力分为大火、中火、小火、微火四种。不同的菜肴所运用的火力是不同的。

（1）大火。大火也称旺火，是最强的火力，可用于菜肴快速烹饪。大火主要的作用是缩短食材在锅中的时间，从而有效避免食材的营养成分流失，并保证食材味道鲜美。

（2）中火。中火也称武火，主要用于煮、炸、烧、熘等烹调方法。例如，制作脆皮鲜奶时，如果用大火，食材容易发生碳化反应，食材中的一些营养成分会在高温中流失，从而失去营养价值，即便将食材受热时间控制得较短，依然无法达到脆

皮的效果。

（3）小火。小火也称文火或慢火，主要用于炖和焖。小火可以有效保持原料形态，并使原料保持鲜嫩。

（4）微火。微火常用于已经成熟的菜肴需保温及入味时。

火候控制的一般原则见表4-1。

表4-1 火候控制的一般原则

影响因素		火力	加热时间
原料性状	质老或形大	小火	长
	质嫩或形小	大火	短
成品要求	脆嫩	大火	短
	酥烂	小火	长
	制汤取汁	大火（奶白汤），小火（清汤）	长
传热介质	油	大火（中火、小火）	短（长）
	水	中火、小火（大火）	长（短）
	蒸汽	大火—中火	长
烹调方法	炒	大火	短
	炸	大火	较长
	烧	大火—中火—大火	较长
	焖/炖	大火—小火—大火	长

3. 植物油及其在烹调中的作用

植物油的品种较多，除个别品种外，一般常温下为液态，不饱和脂肪酸含量较高。烹制成品要求色泽红亮的炒菜、红烧类菜肴时，可选用颜色较深的油脂。例如，烹制鱼香肉丝、红烧鱼时，除了选用泡椒、豆瓣等调料外，还可以选用菜籽油、花生油等，它们不仅可以使菜肴色泽更加红亮，而且可以使菜肴的香味更加浓郁。制作汤菜时，如果要求汤色浓白，就要选择乳化作用较强的豆油；如果制作红汤菜肴，为了达到油封汤面、色泽红亮的效果，就要选择菜籽油、花生油等。

4. 植物油在烹调加热中的变化

厨师必须学会识别油温。掌握好油温对确保菜肴的色、香、味、形均有裨益。日常炒菜时，不可能用温度计去测量油温，只能凭经验估计。在中式烹饪中，油温都用"成"来表示，一成油温为 30 ℃ 左右。在不同油温的油锅中的植物油变化见表 4-2。

表 4-2　在不同油温的油锅中的植物油变化

名称	油温	温度范围	油面情况	原料入油反应
温油锅	三四成热	90～120 ℃	无青烟，有响声，油面平静	原料周围有少量气泡
热油锅	五六成热	150～180 ℃	微有青烟，油从四周向中间翻动	原料周围现大量气泡，无爆炸声
旺油锅	七八成热	210～240 ℃	有青烟，油面平静，手勺搅动有响声	原料周围现大量气泡，并伴有轻微爆炸声

■ 质量差的油脂在加热温度不高时就会冒烟，会影响食物的风味和菜肴的质量，还会影响食物的营养。

学习单元 2

勾芡

学习目标

1. 了解勾芡的概念
2. 了解勾芡的作用
3. 掌握勾芡的方法及其操作要领
4. 了解勾芡的影响因素
5. 掌握芡汁的种类
6. 熟悉勾芡在不同烹调方法中的运用

一、勾芡的基础知识

勾芡是烹调的基本功之一，勾芡是否得当对菜肴质量好坏的影响很大。某些菜肴在烹制时由于加入某些调料或原料自身出水，导致汤汁增多，通过勾芡，可使汁液浓稠并附于原料表面，从而达到使菜肴光泽、滑润、柔嫩、鲜美的目的。

1. 勾芡的概念

勾芡是利用淀粉在遇热糊化的情况下能吸水、黏附并使原料表面光滑润洁的特点，在原料成熟后，用水淀粉增稠汁液的一种烹调辅助手段。

> **相关链接**
>
> ### 淀粉与勾芡
>
> 淀粉是储存于植物细胞中的多糖，有直链淀粉和支链淀粉之分。直链淀粉是能够溶解于热水中的可溶性淀粉；支链淀粉只能在热水中膨胀，不能溶于热水。现代人在追求菜肴美味可口的同时，越来越追求自然、营养与健康，但由于中餐烹制工艺的特殊性，总是会导致部分营养流失，针对这一问题，厨师及学者巧妙地将淀粉运用到中式烹饪中。

2. 勾芡的作用

（1）使汤菜融合。淀粉的糊化作用使汤汁稠度增加，使汤、菜融合在一起，不但能增加菜肴的滋味，还能形成柔润滑嫩等特殊口感。

（2）弥补入味不足。勾芡可弥补短时间烹调不入味的不足。

（3）突出主料。有些汤菜汤水很多，主料往往沉在下面，从上面看，只见汤不见菜。勾芡不仅可使汤汁变得滑润可口，还可适当提高汤的稠度，使主料上浮，从而突出主料。

（4）保温。勾芡后，芡汁裹住菜肴，减缓了菜肴内部热量的散发，从而使菜肴能较长时间地保持温度。

（5）减少营养损失。勾芡可使原料在烹调过程中溶解到汤汁里的维生素和其他营养物质黏附在糊化的芡汁上，减少营养损失。

3. 勾芡的方法及其操作要领

（1）淋。淋是指在菜肴即将制作完成时，将芡汁缓缓地倒入锅中，充分搅拌，使原料能均匀地接触到芡汁。淋时一般使用白汁芡，其用淀粉加清水或鲜汤拌制而成，主要作用是增稠、保温、增色等。用这种方法勾芡的菜肴有白汁鳊鱼等。

（2）拌。拌的方式有两种：一种是在原料炒熟后，将兑好的芡汁倒入锅内，快速拌炒，使芡汁均匀包裹住原料，宫保鸡丁、鱼香肉丝等菜肴就运用了这种方法；另一种是把做好的原料捞出来，锅里留一点油，然后把兑好的芡汁倒进去，待芡汁浓稠时，再把原料倒回锅里拌炒。

（3）浇。浇是指在菜肴做好之后，把做好的芡汁均匀地浇在菜上。这种方法能保证菜肴光泽鲜亮、滑嫩爽口，且不会破坏菜肴本身的口感，同时也保住了菜肴的营养成分。

4. 勾芡的影响因素

（1）火候。勾芡时，火候不能过小，油温不能过低，否则不能使淀粉糊化，会导致勾芡失败。勾芡时，火候也不能过大，油温也不能过高，否则会使淀粉糊化过快，使芡汁不均匀，出现结块现象。

（2）时机。一般在菜肴九成熟时进行勾芡。过早勾芡会影响卤汁的色泽，使卤汁发灰、变焦；过晚勾芡不利于芡汁融合，同时菜肴受热时间过长会影响口感。另外，勾芡时应求快不求慢，勾芡时间不宜过长，否则会使菜肴带有苦味。

（3）芡汁的浓稠度。要根据菜肴的具体要求调整芡汁的浓稠度，适当改变淀粉和水的比例，根据需要调制薄芡、流芡、糊芡、浓芡等。

5. 芡汁的种类

（1）薄芡与流芡

1）薄芡。薄芡又称玻璃芡，是最薄的芡，类似于米汤，适用于扒、烩等烹调方法。

2）流芡。流芡又称米汤芡，是指能够流动的芡，适用于烧、焖等烹调方法。

（2）糊芡与浓芡

1）糊芡。糊芡是仅次于浓芡的较厚的芡，适用于烧、焖等烹调方法。勾糊芡的菜肴汤汁呈糊状。

2）浓芡。浓芡又称立芡、包芡，是最稠的芡，适用于炒、爆、熘等烹调方法。浓芡比较适合需要旺火急炒的菜肴，能包裹原料，盛菜后也不散。

二、勾芡在不同烹调方法中的运用

1. 炒类菜肴勾芡

炒类菜肴勾芡要根据烹调方法、食材性质和成品特点而定。清炒、熟炒类菜肴多用薄芡，滑炒类菜肴多用厚芡。

2. 烧、熘类菜肴勾芡

红烧、白烧类菜肴勾芡要略宽，厚薄要适度，芡汁要明亮；干烧类菜肴勾芡要略紧。熘类菜肴勾芡要厚薄适度，芡汁用量要适中，颜色要突出，浓稠度要比烧类菜肴的稍稀。

3. 汤、烩类菜肴勾芡

汤类菜肴勾芡一般是勾薄芡、流芡居多。烩类菜肴勾芡要均匀，质量要求更高。制作汤、烩类菜肴时，淋明油一般在淀粉糊化的过程中进行，即芡汁入锅后马上淋明油，使明油和芡汁充分融合，行业中把这种状态称为"油包芡"。

学习单元 3

糊粉处理与调味

 **学习目标**

1. 了解浆、糊的种类和特性
2. 熟悉浆、糊的调制方法
3. 熟悉拍粉的作用和分类
4. 能够识别单一味和复合味

一、上浆

1. 浆的种类和特性

（1）蛋清浆。蛋清浆的主要用料为蛋清、淀粉等，一般来说，蛋清和淀粉的比例为1∶0.5。

蛋清浆的调制方法有以下两种：

1）先将主料用调味品腌拌入味，然后加入蛋清、淀粉拌匀即可；

2）先将蛋清和水淀粉调成浆，再将经调味品腌渍后的原料放入蛋清浆内拌匀，也可加入适量的油，便于原料入锅后划散。

蛋清浆可使菜肴柔滑松嫩，色泽洁白，多用于滑炒类菜肴，如"水晶虾仁""青椒肉丝"等。

（2）全蛋浆。全蛋浆的主要用料为全蛋液（蛋清、蛋黄打匀）及淀粉等，全蛋液和淀粉的比例为1∶0.5。

全蛋浆的调制方法基本同蛋清浆。全蛋浆可使菜肴滑嫩，微带黄色，多用于烹调后需遮盖其主料本色的滑炒类菜肴，如"茄汁鱼片""酱爆肉丁"等。

（3）苏打浆。苏打浆的主要用料为蛋清（或全蛋液）、淀粉、小苏打等，蛋清（或全蛋液）、淀粉和小苏打的比例为1∶1∶0.15。

苏打浆的调制方法是：将小苏打等加入蛋清（或全蛋液）、淀粉拌匀，浆制好后，最好静置一段时间再使用。苏打浆可使菜肴松、嫩，适用于以质地较老、纤维较粗的牛、羊肉等原料制作的菜肴，如"杭椒炒牛柳"等。

（4）水粉浆。水粉浆的主要用料为淀粉、清水（若原料本身富含水分，则可不加清水），淀粉和清水的比例为1∶2。

水粉浆的调制方法是：先将原料用调味品腌拌入味，再加水与淀粉调匀上浆。浆的稀稠度以能裹住原料为宜。水粉浆可使菜肴滑嫩，多适用于以含水分较多的烹饪原料（鱿鱼、腰子、猪肝等）制作的菜肴，如"鱼香腰花""酱爆猪肝"等。

2. 上浆的目的

上浆能最大限度地为原料补充水分，从而提高菜肴的嫩度。浆中所使用的水、蛋液、盐、苏打等都是为这一目的服务的。另外，上浆还可以形成菜肴特点。

■ 菜肴制作中，原料上浆会影响后续烹调方法的采用，并不是所有的烹调方法都适用于上浆原料。

3. 上浆的作用

（1）缩短烹调时间。原料上浆后再加热，其成熟时间会缩短。因为原料上浆后，加热时，其表面会形成一种由变性蛋白质和糊化淀粉组成的膜，膜可以阻止原料受热后产生的蒸汽外溢，使原料受热温度升高，同时膜还可以阻止原料受热后产生的水分外流，使传热介质温度不至于下降过多，从而相对又进一步提高了原料的受热温度。

（2）保持原料营养。在烹制上浆原料时，所使用的油温和水温一般都不高，基本不会对原料中的营养素产生破坏作用。同时，形成的浆膜能阻止原料中的脂溶性营养素和水溶性营养素向传热介质中扩散，从而使原料中的营养素能较多地保留下来。

（3）使菜肴饱满滑嫩。上浆时，浆中的水分子会穿过细胞膜向细胞质（高渗压一方）渗透，使细胞逐渐充水。加热后，这种充水状态会使菜肴形成饱满的外观和软嫩的质地。水分进入细胞后，浆中的淀粉、蛋白质等大分子物质无法进入细胞内部而停留在原料表面，受热后，在原料表面形成一层由糊化淀粉和变性蛋白质组成的溶胶膜。这个膜与芡汁结合又形成滑的质感。

（4）增加菜肴滋味。上浆的主要目的是为原料补充水分，但上浆时还可加入盐、味精、料酒等调味品来丰富原料的味道。一般上浆制作的菜肴采用热锅温油速成操作，在时间上对原料入味非常不利，因此上浆时可通过增加调味品对原料进行基本调味来较好地解决这一问题。

4. 上浆菜肴的特点

（1）质感软嫩。菜肴的软与嫩主要是由原料中所含的水分量决定的，上浆通过为原料补充水分来最大限度地提高菜肴的含水量。因此，通过成菜质感是否软嫩，可判别上浆是否成功。

（2）柔滑光亮。上浆制作的菜肴柔滑光亮主要归因于浆中的淀粉和蛋白质（主要是淀粉）。淀粉糊化后黏度增加，一方面其自身紧紧地粘在原料上，另一方面又将菜肴中的汤汁和油脂吸附在原料上，形成柔滑光亮的质感。

5. 上浆注意事项

（1）注意上浆时间。浆为原料补充水分的过程是利用了渗透原理。渗透是一种物理现象，过程一般很缓慢。因此，在烹调菜肴时，为原料上浆都要提前进行。通常做法是在加热前 15 分钟左右为原料上浆。

（2）注意上浆动作。菜肴中凡是需要上浆的原料均为细小质嫩的原料，而上浆的手法是抓捏，因此，上浆时的动作一定要轻柔，防止抓碎原料，尤其是对鱼丝、鸡丝进行上浆时。上浆时，一开始动作要慢，当浆已均匀分布于原料各部位时，动作稍快一些，利用机械摩擦促进浆水渗透，但切忌手重。

（3）注意调味程度。上浆的同时要对原料进行基本调味，这时的调味一定要掌握好分寸，要给正式调味留余地，尤其是盐和味精，千万不可多用。

二、挂糊

1. 糊的种类和特性

（1）蛋清糊与蛋黄糊。蛋清糊由鸡蛋清和淀粉调制而成，在温油中烹制后，能使原料形成软嫩的质感。蛋清糊适用于软炸、拔丝、焦熘等烹调方法，相关菜肴有软炸鸡条、拔丝香蕉、焦熘虾碌等。

蛋黄糊由鸡蛋黄、淀粉和水调制而成，用中高油温烹制后，能使原料形成酥脆的质感。蛋黄糊适用于软炸、酥炸等烹调方法，相关菜肴有山东酥肉、桂花肉等。

（2）全蛋糊与蛋泡糊。全蛋糊由鸡蛋清、鸡蛋黄、淀粉和面粉调制而成，用中高油温烹制后，能使原料具有色泽金黄、外脆里嫩的特点。全蛋糊适用于软炸、拔丝、黄焖、锅烧等烹调方法，相关菜肴有软炸蛋卷、锅烧肘子等。

蛋泡糊是利用机械力打发鸡蛋清调制而成的，用蛋泡糊制成的成品洁白松软，相关菜肴有夹沙香蕉、高丽鱼条等。

（3）脆皮糊与水粉糊。脆皮糊由淀粉、面粉、干酵母、油和水调制而成，用中油温烹制后，能使原料表皮酥脆、色泽金黄。脆皮糊适用于脆炸等烹调方法，相关菜肴有脆皮鱼条等。

水粉糊由水和淀粉调制而成，用较高油温烹制后，能使原料具有脆硬的质感。水粉糊适用于干炸、焦熘、炸烹等烹调方法，相关菜肴有干炸带鱼、焦熘肉段、糖醋鱼等。

（4）发粉糊与拍粉拖蛋糊。发粉糊由面粉、水、发酵粉调制而成，需静置发酵20分钟左右后才能使用，用中油温烹制后，能使原料外形饱满、酥脆松软、色泽金黄。发粉糊适用于松炸等烹调方法，相关菜肴有苔菜鱼条、松炸鸽脯等。

拍粉拖蛋糊是指先将原料裹上面粉或淀粉，再在鸡蛋液里拖过，最后拍上面包糠或果仁碎。用拍粉拖蛋糊制成的成品表面酥脆，口感具有层次感，相关菜肴有炸猪排等。

2. 糊的浓度

糊的浓度应根据菜肴的出品标准而定，具体要根据原料的老嫩与新鲜程度以及挂糊后距离正式烹饪的时间长短来调整。一般来说，糊的浓度遵循以下规律。

（1）对于嫩的原料，糊要稠；对于老的原料，糊要稀。

（2）对于冷冻原料，糊要稠；对于新鲜原料，糊要稀。

（3）对于挂糊后要马上烹饪的原料，糊要稠；对于挂糊后要间隔一段时间再烹饪的原料，糊要稀。

3. 糊的调制方法

调制糊时，搅拌应先慢后快、先轻后重，加水或蛋液时要慢，要均匀上劲，不能使糊内夹杂小的粉粒。

4. 挂糊的作用

（1）防止营养素损失。挂糊能防止脂溶性营养素与水溶性营养素溶于传热介质中，造成营养素流失，也能防止高温直接作用于食材而破坏营养素。

（2）平衡营养。调糊的原料多数含较多碳水化合物，如面粉、淀粉等，其与原料中的蛋白质、脂肪互补，起到平衡营养的作用。

（3）保持水分。烹饪原料中含有一定量的水分，合理保护这部分水分可使成品保持鲜嫩的质感。给原料表面挂糊后进行加热，可形成由糊化淀粉和变性蛋白质组成的硬壳，从而有效防止原料中的水分流失，维持食材的鲜嫩度。

（4）增加菜肴色泽。不同种类的糊的调制原料不同，在烹制过程中会形成的颜色也不同，如在高温无水状态下，淀粉产生的糊精具有金黄的颜色，变性的鸡蛋清具有洁白的颜色。因此，挂糊能增加菜肴色泽。

三、拍粉

1. 拍粉的概念与作用

拍粉就是给原料表面裹上干性粉粒（包括面粉、淀粉、面包粉、椰蓉等），其主要作用是吸水固形，突出风味，同时具有一定的保护作用。拍粉被广泛应用于炸、煎、熘类菜肴中。原料经拍粉受热后，变形率较小，并且有外层金黄香脆、内部鲜嫩的特点。一般经拍粉的菜肴比经挂糊的菜肴更为香脆，但嫩度稍欠。

2. 拍粉的分类

（1）干拍粉。干拍粉是指直接将干性粉粒拍在食材上，主要作用是吸收水分，强化固形。干拍粉主要用于鱼类食材。操作时，先将原料腌渍，再趁湿拍粉，形成外壳。干拍粉适用于熘类菜肴，如菊花鱼球、松鼠鳜鱼等。采用干拍粉的菜肴特点是条纹清晰、物面平整、成形美观，但嫩度不够。

（2）上浆拍粉。上浆拍粉是指先上浆，后拍粉。上浆的作用是加强对原料嫩度的保护并增强粉粒的附着性。上浆拍粉适用于块、片、丁、条等形态规整的原料，不适用于复杂花形原料。采用上浆拍粉的菜肴特点是外脆里嫩，形体饱满，但条纹难以清晰。

3. 拍粉的要领

拍粉前,需将原料预先腌拌入味或致嫩。拍粉后,原料不宜久置,否则粉粒会吸水膨胀,形成葡萄面状,有损于菜肴成品的美观度和质感。拍粉时需按紧并抖净余粉,防止加热时脱粉,对油质造成过多的污染。

四、调味

1. 调味的概念

调味就是调和滋味,是用各种调味品和调味手段,在原料加热前、加热中和加热后影响原料,使菜肴具有多样口味和风味特色的一种烹饪技术。

菜肴的味是一种复杂的生理感受的结果,既包括味觉神经通过味蕾所感受到的滋味,也包括嗅觉神经通过嗅黏膜所感受到的气味,这种综合感觉形成菜肴的滋味。

2. 单一味与复合味

(1) 单一味。单一味是指只用一种味道的呈味物质调制出来的滋味。

单一味作为基础味,不同国家、不同时期对其有不同的认知。我国古代有五味说,即咸、甜、酸、辣、苦,如今流行七味说,即在五味的基础上加上鲜味和香味。这是生理上能直接感受到的味。

1) 咸味。咸味是最重要的基础味,被称为"百味之王",具有提鲜、增甜和去腥解腻的作用。

2) 甜味。甜味在调味中的作用仅次于咸味,具有去腥解腻、提鲜、增加醇厚度的作用。

3) 酸味。酸味具有较强的去腥解腻作用,能增强人体对钙的吸收,增加菜肴的香味。

4) 辣味。辣味对其他不良气味有较强的抑制作用,并能刺激肠胃蠕动,帮助消化,增进食欲。

5) 苦味。苦味是一种特殊的味道。在菜肴中适当加点苦味,可形成清香爽口的特殊风味。苦味主要源自药材和香料,如苦杏仁、陈皮等。

6) 鲜味。鲜味可以使菜肴鲜美可口,增强无味或味淡的原料的滋味。呈鲜味的调味品有味精、鸡精、高汤等。

7）香味。香味可去腥解腻、增香，并刺激食欲。呈香味的调味品有料酒、葱、姜、蒜、香糟、香精、八角、桂皮等。

严格地说，单一味只能出现在理论上的调味分类上，现实中只具有一种味道的菜肴是不存在的。

（2）复合味。复合味是指用两种或两种以上的呈味物质调制出来的综合滋味。复合味的种类繁多，有的超出了单纯的味觉范畴，如香辣味、葱油味等。虽然从生理感受上，气味和滋味是两种不同的感觉，但是由于原料和调味品中的复杂成分，也能使人产生复合的感觉。

常用的复合味如下。

1）咸鲜味。咸鲜味由咸味和鲜味组成，是使用最多的复合味型。

2）糖醋味。糖醋味以糖和醋为底，辅以咸味和香味。根据酸和甜的比例不同，糖醋味可分支出甜酸味和酸甜味。

3）咸辣味。咸辣味由咸味和辣味组成，辅以鲜味和香味。咸辣味的调料有郫县豆瓣酱、辣酱油等。

4）麻辣味。麻辣味由麻味和辣味组成，辅以咸味、鲜味、香味。麻辣味的调料有花椒、干辣椒等。

5）怪味。怪味由多种单一味组成，形成一种独特的平衡滋味。

中式烹饪基础

学习单元 4

炒类菜肴的烹调方法

学习目标

1. 了解炒的概念和种类
2. 熟悉炒类菜肴的原料要求
3. 熟悉相关炒类烹调的区别
4. 了解炒类烹调的操作关键

一、炒的概念和种类

1. 炒的概念

炒是以金属和油为传热介质，将经过处理的小型原料按照质量要求，运用不同的火力，在较短时间内翻拌成熟的一种烹调方法。

2. 炒的种类

炒的种类很多，根据传热介质、烹制过程、调味、调色、配料等的不同，可分为熟炒、干炒、清炒、软炒、滑炒、生炒、红炒、白炒等。

二、炒类菜肴的原料要求

炒一般适合质地脆嫩、块型小的原料。植物性原料要去壳、去茎，动物性原料要选用没有筋膜的、较嫩的部位，如胸脯肉、里脊肉等。

三、相关炒类烹调的区别

1. 生炒和滑炒的区别

生炒是指生料不上浆，不滑油，直接用大火热油速炒至断生成菜的技法。滑炒又称上浆滑油炒，由生炒派生而来，是指先将原料上浆滑油后再炒的技法。

生炒的原料选择范围广，可以有较大块型的原料，不需要滑油，成品相较于其他炒制菜肴口感上更入味。滑炒的原料多为动物性原料的鲜嫩部位，且要求块型较小，需要上浆滑油，质感上保持了鲜嫩的特点。

2. 软炒与熟炒的区别

软炒由生炒派生而来，是指原料必须加工成茸或细粒，澥成液状后再炒的精细技法。熟炒是指将已制熟的原料经刀工处理后，以少量油炒制成菜的技法。

软炒时，原料需要上浆，需边炒边提升油温，需勾薄芡，成菜质感特别嫩。

熟炒是将经过初步成熟的原料再进行一次炒制，适合一些较老的原料，可使其变得柔软可口。

3. 干炒与清炒的区别

干炒时，尽量炒干原料本身溢出的水分，然后加汤汁，使原料吸收汤汁后入味。干炒菜肴的一般特点是干香、酥脆。

清炒一般选择单一的原料（主料）。清炒菜肴色泽明快，以主料的色泽为主，一般不加深色的调味品，口味清淡，强调原汁原味。

四、炒类烹调的操作关键

1. 滑油及其操作要领

滑油的目的是用油润滑锅，避免原料粘锅，其操作要领如下。

（1）滑油前，要将锅洗净，上火烧热。

（2）要掌握好油温，一般油温在 60~130 ℃。油温太高，原料易黏结，表皮会因失水过多而变得脆硬，失去柔软鲜嫩的特点；油温太低，原料易脱浆、脱糊，显得干瘪。

（3）原料质地不同，滑油时的火候也应不同。例如，鸡丝、鱼丝、肉丝虽然都是丝状，但其质地各不相同，特别是鱼丝，其质地比较细嫩，滑油时所用的油温应比肉丝用的低，即要用小火、低油温，才能使成品不失色、不变形，既鲜又嫩。而质地较老的肉片宜用大火、高油温进行滑油。不同质地的原料用不同的、适当的火候和油温烹制，才能做出美味的菜肴。

2. 焯水及其操作要领

冷水焯水适用于体积比较大、肉质结实、血污多且不易清洗、异味特别重的食材。在冷水焯水的过程中，需经常翻滚原料，以便原料整个均匀受热，以利于去除血污和异味。

开水焯水多适用于植物性原料，讲究色泽鲜艳、质感脆嫩，因此在焯水的过程中要及时翻动原料，并且注意把握时间，不然时间稍长，原料颜色就会变淡，而且也不脆、不嫩。

3. 油温控制及其操作要领

（1）根据火力大小控制油温

1）用旺火时，油温上升快，下料时油温可低一些。若油温过高，应立即关火或离火，并掺入冷油来降低油温。

2）用中小火时，油温上升慢，下料时油温可高一些。

（2）根据下料量及原料情况控制油温

1）下料量多时，油温应高一些；下料量少时，油温应低一些。

2）原料形大质老时，油温可高一些；原料形小质嫩时，油温可低一些。

（3）根据成品口感要求控制油温

1）成品要求外表香脆的，应使用精制植物油，油温可低一些。

2）成品要求外脆里嫩或要进行炸熘的，油温可先高后低，并需复炸。

3）成品要求外表洁白的，应使用精制植物油，油温应低一些。

项目 4　热菜制作

学习单元 5
烧类菜肴的烹调方法

 学习目标

1. 了解烧的概念和种类
2. 熟悉烧类菜肴的原料要求
3. 熟悉烧类烹调的特点
4. 了解烧类烹调的操作关键

一、烧的概念和种类

1. 烧的概念

烧就是向锅中原料加入调料和汤水，用旺火烧开，转中小火烧透入味，再用旺火收汁的一种烹调方法。

2. 烧的种类

根据放入的调料、收汁的量等的不同，可以将烧分为红烧、白烧、干烧等。

二、烧类菜肴的原料要求

烧类菜肴一般选用块型整齐或整只的中小型原料，原料要新鲜。

三、烧类烹调的特点与操作关键

1. 红烧的特点与操作关键

红烧是向经过加热的原料加入红色调料，用烧法烹制成菜的技法。成品呈枣红色或酱红色，汤汁较短，呈油包芡。红烧的操作关键是先上色后加汤，中途不加汤水。

2. 白烧的特点与操作关键

白烧是向经过初步熟处理的原料加入汤（或水）及盐等无色调料，用烧法烹制成菜的技法。成品色泽洁白，光泽明亮，卤汁中等且口感浓郁。白烧的操作关键是一次加足量汤水，最后收汁成菜。

3. 干烧的特点与操作关键

干烧与红烧、白烧相似，但是汤汁要收干或收紧。成品口味咸鲜带甜，颜色红亮，味透肌理。干烧的操作关键是收汁时不使用大火，而使用中火。

学习单元 6

炸类菜肴的烹调方法

 学习目标

1. 了解炸的概念和种类
2. 了解炸的作用
3. 熟悉炸类菜肴的原料要求
4. 熟悉炸类烹调的油温要求与成品特点

一、炸的概念和种类

1. 炸的概念

炸是以油为传热介质，将原料改刀腌渍后挂糊（或不挂糊），在大油锅中用不同油温加热成熟的一种烹调方法。

2. 炸的种类

（1）温油炸、热油炸与旺油炸

1）原料在五成油温时下锅为温油炸。

2）原料在六七成油温时下锅为热油炸。

3）原料在八成以上油温时下锅为旺油炸。

（2）清炸与干炸

1）清炸一般是指原料不经过挂糊直接炸制。

2）干炸是指给原料拍粉或挂水粉糊后再炸制。

（3）软炸、酥炸与卷包炸

1）软炸是指给原料挂蛋清糊或全蛋糊后再进行炸制。

2）酥炸是指将已经成熟（蒸烂或煮烂）的原料再炸成菜。

3）卷包炸是指用威化纸（糯米纸）或其他可食用的食材包裹原料进行炸制。

二、炸的作用

1. 使成品具有外脆里嫩的质感。

2. 使原料色泽增强。

3. 使菜肴造型美观。

三、炸类菜肴的原料要求

炸类菜肴一般选用不带骨头或带小骨头的动物性原料，以及含水量少的中小型植物性原料。

四、炸类烹调的油温要求与成品特点

1. 清炸与干炸

清炸的油温一般为七成左右。清炸是指将腌渍入味的原料（一般不挂糊，或在表面抹一层薄薄的水粉）直接炸制。成品本味突出。

> ■ 水粉指水与粉（淀粉、面粉、米粉等）的混合物。

干炸的油温一般为六成左右。成品焦香扑鼻，外脆里嫩。

2. 软炸、酥炸与卷包炸

软炸的油温一般为四五成。成品色泽浅黄，鲜嫩软香。

酥炸的油温一般为六七成。成品酥、烂、香。

卷包炸的油温一般为三四成。成品形态美观，清香鲜嫩。

学习单元 7

汤类菜肴的烹调方法

学习目标

1. 了解汤类菜肴的概念
2. 熟悉汤类菜肴的一般烹调方法
3. 了解汤类菜肴的种类
4. 熟悉汤类菜肴的原料要求
5. 熟悉汤类菜肴烹调的特点与操作关键

一、汤类菜肴的概念

汤类菜肴（简称汤菜）是指带有较多汤汁的菜肴。一般而言，汤菜中的菜是多于汤的，或汤菜各半，但也有汤多于菜的。南方人喜欢清炖的汤，北方人喜欢汤泡馍。

二、汤类菜肴的一般烹调方法

汤类菜肴的一般烹调方法是以水为传热介质，运用煮、烩、氽、煨、炖、煲等进行烹制。

三、汤类菜肴的种类

1. 按汤色分

（1）清汤类菜肴。清汤类菜肴汤色清澈或呈本色。

（2）白汤类菜肴。白汤类菜肴汤色浓白，口感醇厚。

2. 按烹调方法分

（1）煲汤类菜肴。煲汤中的"煲"就是用文火煮食物，慢慢地熬。煲汤类菜肴需要的烹调时间很长，没有耐心是很难煲出好汤的。

（2）煮汤类菜肴。煮汤是以水为传热介质，大火烧开后用中小火进行较长时间的加热。成菜汤宽，汁浓醇。

（3）氽汤类菜肴。氽就是以水为传热介质，将细薄的原料用大火短时间加热成菜。氽汤类菜肴一般汤多于菜。

四、汤类菜肴的原料要求

1. 清汤类菜肴的原料要求

制作清汤类菜肴时，应选用块型整齐且富含蛋白质的新鲜原料。

2. 白汤类菜肴的原料要求

制作白汤类菜肴时，多选用带骨头的动物性原料，或鱼类、贝类原料，以保证汤汁的浓白度。

3. 煲汤类菜肴的原料要求

制作煲汤类菜肴时，往往选用富含蛋白质的动物性原料，如牛、羊、猪、鸡、鸭等的骨或肉。

4. 煮汤类菜肴的原料要求

制作煮汤类菜肴时，应选用蛋白质含量丰富、不容易变形碎烂的原料。

5. 氽汤类菜肴的原料要求

制作氽汤类菜肴时，应选用新鲜细薄、质地软嫩、不带骨刺的原料。

五、汤类菜肴烹调的特点与操作关键

1. 清汤与白汤类菜肴

清汤类菜肴要求汤汁清澈而无杂质，口味上保持原汁原味。烹调时，汤汁在锅中不宜长时间沸滚。

白汤类菜肴要求使用大火或中火，锅内汤汁保持翻滚，形成碰撞，使蛋白质溶于水中，使汤汁浓白、醇厚。

2. 煲汤、煮汤与氽汤类菜肴

煲汤类菜肴应保持原料原有的风味，烹制时间在2小时左右，应用小火煲。

煮汤类菜肴一般用大火和中小火，烹制时间为5~20分钟，要求口味浓厚。

氽汤类菜肴用大火短时间烹制，开水下原料，水沸即出锅，口味要求新鲜爽口。

 **操作技能**

炒类菜肴

鱼香肉丝

操作准备

工具准备	原料准备
（1）塑料砧板1块。 （2）片刀1把。 （3）手勺1把。 （4）漏勺1把。 （5）圆盘1只。 （6）厨房用纸若干。	**主、辅料** 猪腿肉250 g，1个鸡蛋的蛋清。 **调料** 泡椒1根，郫县豆瓣酱20 g，精盐1 g，白砂糖20 g，米醋20 mL，

料酒 10 mL，老抽 5 mL，味精 2 g，汤 10 mL，红油 3 mL，葱 15 g，姜 10 g，蒜 5 g，生粉 10 g，水淀粉 10 mL，精制油。

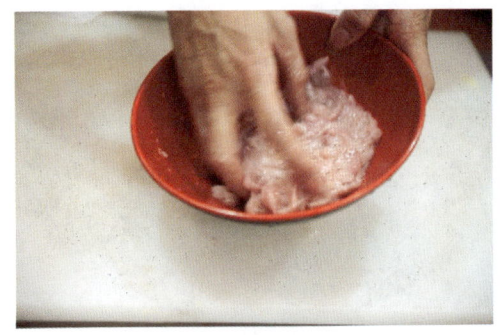

图 4-3　搅匀上劲

操作步骤

步骤 1　将猪腿肉切成 7 cm 长、0.25 cm 粗的丝，用清水漂去血丝，取厨房用纸略吸水分，放入容器中；向容器中加入精盐、料酒（5 mL）、鸡蛋清，如图 4-2 所示，搅匀上劲，如图 4-3 所示；之后加入生粉，向表面淋少许清油（精制油）静置待用。

步骤 2　将泡椒、葱、姜切丝，蒜剁成泥。

步骤 3　取小碗，放入白砂糖、米醋、料酒（5 mL）、汤、味精、老抽和水淀粉调成兑汁芡。

步骤 4　将炒锅置于旺火上烧热，先用少量油滑锅，再加精制油 500 mL，烧至三成热，放入肉丝滑散至断生，如图 4-4 所示，之后倒入漏勺内沥油。

图 4-4　滑散肉丝至断生

步骤 5　锅内留余油，下葱丝、姜丝、泡椒丝、蒜泥煸出香味，如图 4-5 所示；放入郫县豆瓣酱煸出红油；放入过油的肉丝炒匀，如图 4-6 所示；淋入兑汁芡旺火翻匀；淋红油出锅装盘。

图 4-2　加入精盐、料酒、鸡蛋清

图 4-5 煸葱丝、姜丝、泡椒丝、蒜泥

图 4-6 下肉丝炒匀

质量指标

1. 肉丝上浆饱满。
2. 熟练掌握油温。
3. 成品色泽金红，亮油包汁，香气浓郁。
4. 成品肉质鲜嫩，微辣略带甜酸味。

宫保鸡丁

操作准备

工具准备

（1）塑料砧板 1 块。
（2）片刀 1 把。
（3）手勺 1 把。
（4）漏勺 1 把。
（5）圆盘 1 只。
（6）厨房用纸若干。

原料准备

主、辅料

鸡脯肉 200 g，1 个鸡蛋的蛋清，花生仁 50 g。

调料

干辣椒 3 根，郫县豆瓣酱 15 g，花椒粉 2 g，精盐 1 g，白砂糖 10 g，米醋 5 mL，料酒 10 mL，老抽 5 mL，味精 2 g，汤 15 mL，红油 3 mL，葱 5 g，姜 10 g，蒜 10 g，生粉 10 g，水淀粉 10 mL，精制油。

操作步骤

步骤 1 将鸡脯肉用刀排松，切成 1 cm 见方的丁，如图 4-7 所示，用清水漂去血丝，取厨房用纸略吸水分，放入容器中；向容器中加入精盐、料酒（5 mL）、鸡蛋清搅匀上劲，如图 4-8 所示；之后加入生粉，表面淋少许清油静置待用。

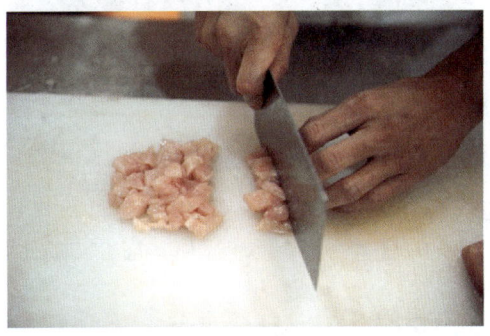

图 4-7 改刀成丁

图 4-8 搅匀上劲

步骤 2 将干辣椒切成小段，葱、姜切成末，蒜剁成泥。

步骤 3 取小碗，放入白砂糖、米醋、料酒（5 mL）、汤、味精、老抽、花椒粉和水淀粉调成兑汁芡。

步骤 4 将炒锅置于旺火上烧热，先用少量油滑锅，再加精制油 500 mL，烧至三成热，放入鸡脯肉丁滑散至断生,如图4-9所示,之后倒入漏勺内沥油。

图4-9 滑散鸡脯肉丁至断生

步骤5 锅内留余油,下干辣椒段,将其炒成焦黄色,投入葱花、姜末、蒜泥煸出香味,放郫县豆瓣酱煸出红油,如图4-10所示;放入过油的鸡脯肉丁、花生仁炒匀,如图4-11所示;淋入兑汁芡旺火翻匀;淋红油出锅装盘。

图4-11 炒匀鸡脯肉丁、花生仁

质量指标

1. 鸡脯肉丁上浆饱满。
2. 熟练掌握油温。
3. 成品色泽金红,亮油包汁,香味浓郁。
4. 成品肉质鲜嫩,花生仁爽脆,糊辣微带甜酸味。

图4-10 煸炒调料

项目4 热菜制作

青椒肉丝

操作准备

工具准备

（1）塑料砧板1块。
（2）片刀1把。
（3）手勺1把。
（4）漏勺1把。
（5）筷子1双。
（6）圆盘1只。
（7）厨房用纸若干。

原料准备

主、辅料

猪腿肉200 g，青椒1个，1个鸡蛋的蛋清。

调料

精盐3 g，料酒10 mL，味精2 g，汤15 mL，生粉10 g，水淀粉10 mL，精制油。

操作步骤

步骤1 将猪腿肉切成7 cm长、0.25 cm粗的丝，用清水漂去血丝，取厨房用纸略吸水分，放入容器中；向容器中加入精盐（2 g）、料酒（5 mL）、

/137

鸡蛋清搅匀上劲；之后加入生粉，表面淋少许清油静置待用。

步骤2 将青椒去籽，片平内皮，切成6 cm长、0.2 cm粗的丝，如图4-12所示。

图4-12 切青椒丝

步骤3 将青椒丝放在漏勺上，如图4-13所示；将炒锅置于旺火上烧热，用少量油滑锅，加入精制油500 mL，烧至三成热，放入肉丝滑散至断生，如图4-14所示，倒入放有青椒丝的漏勺内沥油，如图4-15所示。

步骤4 倒尽余油，烹料酒（5 mL），加汤、精盐（1 g）、味精烧开，用水淀

图4-13 将青椒丝放在漏勺上

图4-14 滑散肉丝至断生

图4-15 将肉丝倒入放有青椒丝的漏勺内沥油

粉勾芡，放入过油的肉丝和青椒丝旺火翻匀，淋明油出锅装盘。

质量指标

1. 肉丝上浆饱满。
2. 熟练掌握油温。
3. 成品色泽青白相间，亮油包汁，有清香气。
4. 成品肉质鲜嫩，清淡爽口，呈咸鲜味。

银芽肉丝

操作准备

工具准备

（1）塑料砧板1块。
（2）片刀1把。
（3）手勺1把。
（4）漏勺1把。
（5）筷子1双。
（6）圆盘1只。
（7）厨房用纸若干。

原料准备

主、辅料

猪腿肉200 g，绿豆芽50 g，1个鸡蛋的蛋清。

调料

精盐3 g，料酒10 mL，味精2 g，汤15 mL，生粉10 g，水淀粉10 mL，精制油。

操作步骤

步骤1 将猪腿肉切成7 cm长、0.25 cm粗的丝,用清水漂去血丝,取厨房用纸略吸水分,放入容器中,加精盐(2 g)、料酒(5 mL)、鸡蛋清搅匀上劲,之后加入生粉,表面淋少许清油静置待用。

步骤2 摘去绿豆芽两头,使其长短同肉丝。

步骤3 将绿豆芽放在漏勺上,如图4-16所示;将炒锅置于旺火上烧热,用少量油滑锅,加入精制油500 mL,烧至三成热,放入肉丝滑散至断生,如图4-17所示,倒入放有绿豆芽的漏勺内沥油,如图4-18所示。

步骤4 倒尽余油,烹料酒(5 mL),加汤、精盐(1 g)、味精烧开,用水淀粉勾芡,放入过油的肉丝和绿豆芽翻炒均匀,淋明油出锅装盘。

图4-17 滑散肉丝至断生

图4-18 将肉丝倒入放有绿豆芽的漏勺内沥油

图4-16 将绿豆芽放在漏勺上

质量指标

1. 肉丝上浆饱满。
2. 熟练掌握油温。
3. 成品色泽洁白,亮油包汁,有清香气。
4. 成品肉质鲜嫩,清淡爽口,呈咸鲜味。

回锅肉

操作准备

工具准备

（1）塑料砧板 1 块。
（2）片刀 1 把。
（3）手勺 1 把。
（4）漏勺 1 把。
（5）圆盘 1 只。

原料准备

主、辅料

猪坐臀肉 150 g，橄榄菜 100 g。

调料

泡椒 1 根，郫县豆瓣酱 25 g，料酒 20 mL，甜面酱 20 g，老抽 3 mL，白砂糖 5 g，味精 2 g，红油 2 mL，蒜 10 g，水淀粉 10 mL，精制油。

操作步骤

步骤1 将猪坐臀肉放入汤锅中煮至八分熟，捞出略晾，将其切成 8 cm 长、4 cm 宽的薄片（越薄越好），如图 4-19 所示。

步骤2 将泡椒和蒜分别切片，橄榄菜去梗，摘成大小均匀的叶片。

图 4-19　切片

图 4-21　投入肉片煸炒

步骤 3　将炒锅置于旺火上烧热，用少量油滑锅，加入精制油 50 mL 烧热；将泡椒片和蒜片煸香，如图 4-20 所示；再将肉片煸炒至卷缩，如图 4-21 所示，待其将要吐油时，放入郫县豆瓣酱和甜面酱一起炒透。

步骤 4　烹料酒，加白砂糖、味精、老抽，最后下橄榄菜叶片，炒至菜叶柔软，加水淀粉，淋红油出锅装盘。

质量指标

1. 熟肉片形完整，呈波状卷曲。
2. 成品色泽褐红，亮油包汁，酱香浓郁。
3. 成品肉质干香，微辣、咸中带甜。

图 4-20　煸香泡椒片、蒜片

烧类菜肴

家常豆腐

操作准备

工具准备

（1）塑料砧板 1 块。
（2）片刀 1 把。
（3）手勺 1 把。
（4）漏勺 1 把。
（5）圆盘 1 只。

原料准备

主、辅料

老豆腐 250 g，青椒 1 个，五花肉 50 g，干制黑木耳 20 g，金针菜 15 g。

调料

泡椒 1 个，郫县豆瓣酱 20 g，白砂糖 10 g，料酒 10 mL，味精 2 g，汤 150 mL，红油 3 mL，麻油 3 mL，葱 10 g，蒜 10 g，青蒜 10 g，水淀粉 10 mL，精制油。

操作步骤

步骤 1 将五花肉切薄片,青椒去籽并片平内皮后切成长方片,泡椒切片,葱切成 3 cm 长的段,蒜切片,青蒜切段,老豆腐切成 3.5 cm 长、2.5 cm 宽、0.6 cm 厚的片。

步骤 2 将干制黑木耳和金针菜用水泡软,将黑木耳摘成小朵,金针菜切成 5 cm 长。

步骤 3 起油锅,烧至七成热,放入老豆腐,炸至金黄色时捞出沥油。

步骤 4 锅内留余油,将肉片煸炒至断生,投入葱段、蒜片爆香,再放泡椒片和郫县豆瓣酱煸出红油,如图 4-22 所示,加料酒、汤、白砂糖,再加入所有食材烧开,之后转小火,加盖,将老豆腐烧透入味,如图 4-23 所示。

图 4-23 加入所有食材烧透入味

步骤 5 揭盖,加味精,在旺火上收汁勾芡,撒上青蒜段,最后淋上麻油、红油,出锅装盘。

图 4-22 煸炒调料

质量指标

1. 色泽鲜艳金红。
2. 质感软润,鲜香浓郁。
3. 口味咸鲜微辣,略带甜味。
4. 装盘饱满匀称。

项目 4　热菜制作

虾仁豆腐

操作准备

工具准备

（1）塑料砧板 1 块。
（2）片刀 1 把。
（3）手勺 1 把。
（4）漏勺 1 把。
（5）烩盘 1 只。
（6）厨房用纸若干。

原料准备

主、辅料

虾仁 100 g，绢豆腐 1 盒，半个鸡蛋的蛋清。

调料

料酒 5 mL，味精 3 g，精盐 3 g，生粉 2 g，水淀粉 10 mL，白胡椒粉 1 g，汤 150 mL，精制油。

操作步骤

步骤 1　去掉虾仁背上的虾线，洗净后吸干水分，加入精盐 0.5 g、味精 1 g、料酒 1 mL，搅拌上劲后，加入鸡蛋清和生粉拌匀，淋上少许明油。

步骤 2　将绢豆腐切成 1.5 cm 见方的丁，如图 4-24 所示；将其冷水下锅焯水，如图4-25所示，烧开后捞出，用冷水冲净、冲凉待用。

步骤3 将炒锅置于旺火上烧热，用少量油滑锅，先将上好浆的虾仁滑熟捞出，再向锅中加入汤、精盐（2.5 g）、味精（2 g）、料酒（4 mL）和白胡椒粉，入绢豆腐丁和虾仁烧开，撇去浮沫，如图4-26所示，用水淀粉勾米汤芡，淋上明油出锅装盘。

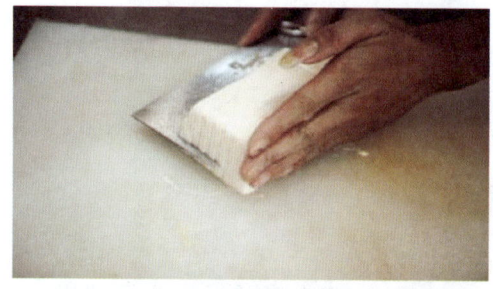

图4-26 撇去浮沫

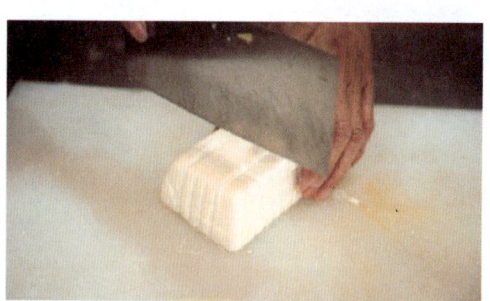

图4-24 将绢豆腐改刀成丁

图4-25 入冷水锅焯水

质量指标

1. 色泽洁白。
2. 虾仁鲜嫩，豆腐滑爽，卤汁均匀。
3. 口味咸鲜适中，鲜香可口。
4. 装盘饱满匀称。

响油鳝糊

操作准备

工具准备

（1）塑料砧板1块。
（2）片刀1把。
（3）手勺1把。
（4）鲍鱼盘1只。

原料准备

主料

鳝丝300 g。

调料

料酒20 mL，老抽50 mL，白砂糖3 g，味精2 g，麻油25 mL，蒜泥2 g，葱白2 g，葱绿3 g，姜末2 g，白胡椒粉5 g，水淀粉40 mL，汤150 mL，精制油。

操作步骤

步骤1 将洗净的鳝丝切成6 cm长的段。

步骤2 将炒锅烧热后滑锅，加少许油，投入葱白、姜末炒香，再将鳝丝炒透，如图4-27所示；烹料酒，加老抽和白砂糖翻炒上色，如图4-28所示；加入汤，大火烧开，撇去浮沫，改中小火烧透入味，如图 4-29 所示。

步骤 3 两分钟后揭盖，加味精和白胡椒粉，用水淀粉勾芡，淋上麻油装盘，并用手勺的底部在鳝丝中间压一个小凹塘，将葱绿、蒜泥放在小凹塘中。

步骤 4 向炒锅中放入精制油，用旺火烧至八成热，之后将油浇在小凹塘中即可。

图 4-27　炒透鳝丝

图 4-28　上色

图 4-29　改中小火烧透入味

质量指标

1. 原料新鲜。
2. 质感软糯。
3. 色泽褐红光亮，芡汁浓稠。
4. 口味咸中带甜，无腥味。
5. 香气浓郁。
6. 装盘饱满匀称。

项目4 热菜制作

麻婆豆腐

操作准备

工具准备

（1）塑料砧板1块。
（2）片刀1把。
（3）手勺1把。
（4）漏勺1把。
（5）烩盘1只。

原料准备

主、辅料

猪肉末50 g，绢豆腐1盒。

调料

料酒10 mL，味精2 g，郫县豆瓣酱20 g，水淀粉10 mL，花椒粉2 g，汤150 mL，青蒜5 g，姜2 g，蒜2 g，红油2 mL，精制油。

操作步骤

步骤1 将青蒜切末，姜切末，蒜剁泥。

步骤2 将绢豆腐切成1.5 cm见方的丁，冷水下锅焯水，烧开后捞出，用冷水冲净、冲凉待用。

步骤3 将炒锅置于旺火上烧热，用油滑锅，先将猪肉末煸炒到表皮起硬壳，如图 4-30 所示，加入姜末和蒜泥煸出香味，加入郫县豆瓣酱煸出红油，如图 4-31 所示；烹料酒，锅中加入汤、绢豆腐丁烧开，如图 4-32 所示，撇去浮沫，用小火加盖焖烧 1 分钟。

图 4-32　加入汤、绢豆腐丁烧开

步骤 4　揭盖，加味精和花椒粉，用水淀粉勾芡，撒上青蒜末，淋上红油出锅装盘。

图 4-30　煸炒肉末

图 4-31　煸出红油

质量指标

1. 色泽金红光亮，芡汁浓稠。
2. 质感滑嫩。
3. 咸、鲜、香、麻、辣、烫。
4. 香气浓郁。
5. 装盘饱满匀称。

红烧肚裆

操作准备

工具准备

（1）塑料砧板1块。
（2）斩刀1把。
（3）片刀1把。
（4）手勺1把。
（5）平腰盘1只。

原料准备

主料

青鱼中段250 g。

调料

料酒15 mL，老抽20 mL，白砂糖15 g，味精2 g，葱2根，姜20 g，水淀粉15 mL，精制油。

操作步骤

步骤1 用斩刀沿龙骨平剖，去掉龙骨，取1片中段，换片刀将其斜刀切成佛手形，肚皮处肉不切断，如图4-33所示。

中式烹饪基础

图 4-33　将青鱼改刀

步骤 2　将葱打结，姜切大片，在鱼皮上抹少许老抽（2 mL）。

步骤 3　将炒锅置于旺火上烧热，用油滑锅，加精制油 50 mL 烧热；将肚裆的鱼皮面朝下略煎，如图 4-34 所示，再将葱结、姜片放入，烹料酒，加盖，揭盖后加老抽（18 mL）和白砂糖旋锅上色，如图 4-35 所示；加水至与原料表面齐平，如图 4-36 所示，烧开，撇去浮沫，改中小火，加盖烧透入味。

步骤 4　揭盖，加味精，边旋锅边淋水淀粉，收紧后淋油，进行大翻锅，最后淋明油出锅装盘。

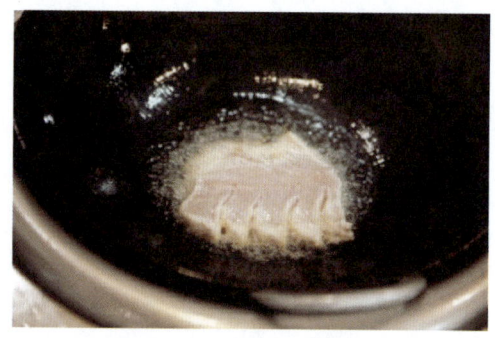

图 4-34　鱼皮面朝下略煎

图 4-35　上色

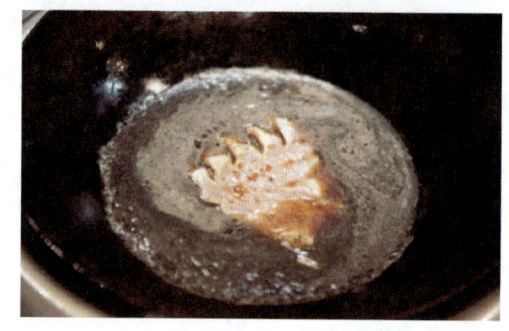

图 4-36　加水

质量指标

1. 色泽枣红光亮，芡汁浓稠。
2. 质感鲜嫩。
3. 口味咸中带甜。
4. 香气浓郁。
5. 装盘呈佛手状。

炸类菜肴

椒盐排条

操作准备

工具准备

（1）塑料砧板1块。
（2）斩刀1把。
（3）片刀1把。
（4）手勺1把。
（5）漏勺1把。
（6）圆盘1只。

原料准备

主、辅料

猪大排肉300 g，鸡蛋1个。

调料

料酒10 mL，老抽5 mL，精盐2 g，味精2 g，椒盐粉2 g，麻油2 mL，葱5 g，生粉80 g，精制油。

操作步骤

步骤 1 用斩刀将猪大排肉切成 8 cm 长、2 cm 宽的条，如图 4-37 所示；用片刀切葱花待用。

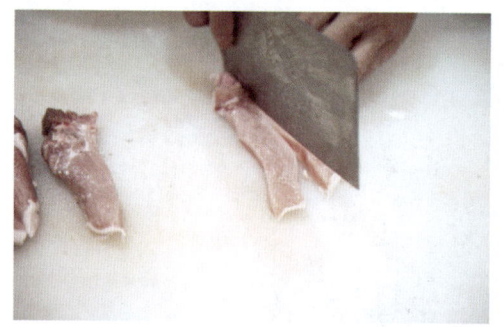

图 4-37 将猪大排肉改刀成条

步骤 2 将排条放入盛器中，加料酒、精盐、老抽、味精码味，加鸡蛋和生粉拌和挂全蛋糊，如图 4-38 所示。

图 4-38 挂糊

步骤 3 将炒锅置于旺火上，加精制油烧到六成热，将排条逐一投入油锅，待表皮结壳后，改小火再炸 1 分钟捞起，如图 4-39 所示。

图 4-39 炸制成形

步骤 4 将油锅继续加热至八成热，投入排条，将其复炸成金黄色，捞出沥油。锅中油倒尽，加麻油爆香葱花，下排条，边翻炒边撒上椒盐粉，出锅装盘。

质量指标

1. 色泽鲜艳金黄。
2. 质感外脆里嫩。
3. 口味咸、鲜、香。
4. 装盘饱满美观。

项目4 热菜制作

香炸凤翼

操作准备

工具准备

（1）塑料砧板1块。
（2）片刀1把。
（3）漏勺1把。
（4）长腰盘1只。

原料准备

主料

鸡中翅8只（400 g）。

调料

料酒10 mL，精盐5 g，味精2 g，葱10 g，姜10 g，生粉150 g，精制油。

操作步骤

步骤1 将鸡中翅洗净；将葱切段，姜切片。

步骤2 将鸡中翅放入盛器中，加料酒、精盐、味精、葱段、姜片码味，腌渍约10分钟，如图4-40所示；之后给每只鸡中翅均匀地拍上生粉，如图4-41所示。

/155

图 4-40　腌渍

图 4-41　拍生粉

步骤 3　将炒锅置于旺火上，加精制油烧至六成热，将鸡中翅逐一投入油锅，如图 4-42 所示，待其表皮结壳后，改小火再炸 1 分钟捞起。

图 4-42　初炸定形

步骤 4　将油锅继续加热至八成热，投入鸡中翅复炸至金黄色捞出沥油，如图 4-43 所示，出锅装盘。

图 4-43　复炸至金黄色捞出沥油

质量指标

1. 色泽金黄，只形一致。
2. 质感外脆里嫩。
3. 口味咸、鲜、香。
4. 香气浓郁。
5. 装盘饱满美观。

项目 4　热菜制作

咕咾肉

操作准备

工具准备

（1）塑料砧板 1 块。
（2）片刀 1 把。
（3）手勺 1 把。
（4）漏勺 1 把。
（5）长腰盘 1 只。

原料准备

主、辅料

猪上脑肉 150 g，青椒 1 只，旋片菠萝 2 片，鸡蛋 1 个。

调料

料酒 10 mL，精盐 3 g，白砂糖 80 g，白醋 15 mL，番茄酱 20 g，生粉 150 g，水淀粉 75 mL，精制油。

操作步骤

步骤 1　将猪上脑肉洗净，用刀背敲过，改刀成 3.5 cm 见方的块。将青椒去籽，片平内皮后切成三角块；将旋片菠萝切块待用，如图 4-44 所示。

图 4-45 放入鸡蛋和生粉搅匀

图 4-44 将青椒和旋片菠萝改刀成形

步骤 2 向盛有猪上脑肉块的盛器中加料酒、精盐（2 g）码味，腌渍约 3 分钟，放入鸡蛋和生粉搅匀，如图 4-45 所示，给肉块的表面均匀地拍上生粉，如图 4-46 所示，并使之分开。

图 4-46 拍生粉

步骤 3 将炒锅置于旺火上，加精制油烧至五成热，将肉块逐一投入油锅中，如图 4-47 所示，待表皮结壳后，改小火再炸 1 分钟捞起。

图 4-47 炸制成形

步骤 4 将油锅继续加热至八成热,将肉块投入油锅复炸,将青椒块和菠萝块放在漏勺上,待肉块炸成金黄色后倒在漏勺上沥油。

步骤 5 锅内留余油,放入番茄酱略煸,如图 4-48 所示,放白砂糖炒到糖色稍翻红,如图 4-49 所示,放水(20 mL)、精盐(1 g)烧开,放入白醋,投入原料,如图 4-50 所示,推水淀粉勾芡,翻裹均匀,淋上明油,出锅装盘。

图 4-50 投入原料

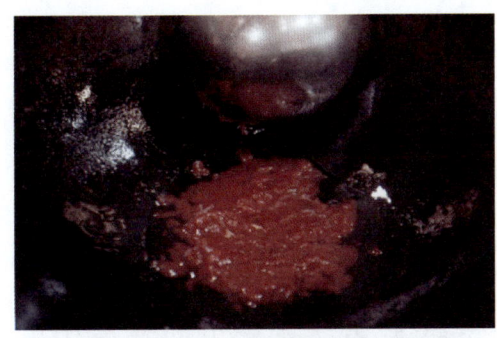

图 4-48 略煸番茄酱

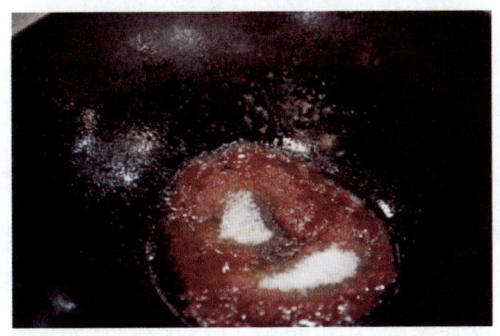

图 4-49 放白砂糖炒

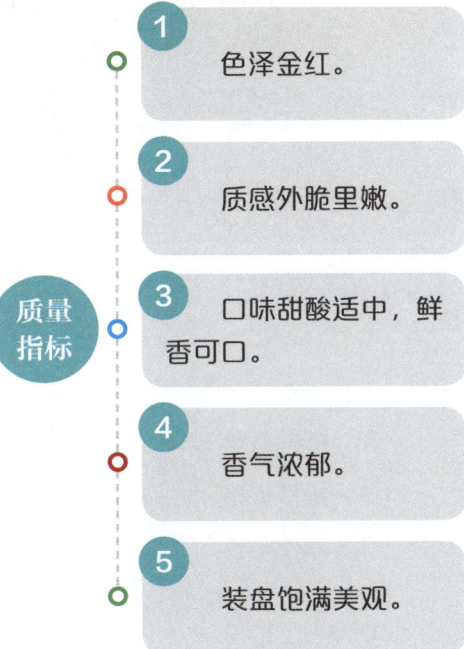

质量指标

1. 色泽金红。
2. 质感外脆里嫩。
3. 口味甜酸适中,鲜香可口。
4. 香气浓郁。
5. 装盘饱满美观。

糖醋鱼块

操作准备

工具准备

（1）塑料砧板1块。
（2）斩刀1把。
（3）片刀1把。
（4）手勺1把。
（5）漏勺1把。
（6）长腰盘1只。

原料准备

主料

青鱼中段 350 g。

调料

料酒 10 mL，精盐 3 g，白砂糖 50 g，白醋 30 mL，番茄酱 15 g，生粉 50 g，水淀粉 30 mL，葱 2 g，姜 2 g，精制油。

操作步骤

步骤1 片去青鱼中段的龙骨，将其切成 3 cm 长、2 cm 宽、1.5 cm 厚的骨牌块，如图4-51所示，加料酒和精盐（2 g）腌渍5分钟。

图 4-51　改刀成形

步骤 2　切葱花、姜末；向盛有腌渍后的鱼块的盛器中加水和生粉，挂水粉糊。

步骤 3　将炒锅置于旺火上，加精制油烧至五成热，将鱼块逐一投入油锅中，待表皮结壳后，改小火再炸 1 分钟捞起，如图 4-52 所示。

图 4-52　炸制成形

步骤 4　将油锅继续加热至八成热，将鱼块投入油锅复炸成金黄色，待其外壳脆硬时倒在漏勺上沥油。

步骤 5　锅内留余油，将葱花、姜末煸炒出香味，放入番茄酱略煸，如图 4-53 所示，放白砂糖炒到糖色稍翻红，如图 4-54 所示，放水（30 mL）、精盐（1 g）烧开，放入白醋，淋水淀粉勾芡，淋热油打入芡汁，将炸好的鱼块投入锅中，如图 4-55 所示，翻拌均匀，出锅装盘。

图 4-53　略煸番茄酱

图 4-54　放白砂糖炒

图 4-55　投入鱼块

质量指标

1. 色泽金红，卤汁浓稠。
2. 质感外脆里嫩。
3. 口味甜酸适中。
4. 香气浓郁。
5. 装盘饱满美观。

芝麻鱼条

操作准备

工具准备

（1）塑料砧板1块。
（2）斩刀1把。
（3）片刀1把。
（4）漏勺1把。
（5）长腰盘1只。

原料准备

主、辅料

青鱼中段300 g，鸡蛋1个。

调料

料酒20 mL，精盐3 g，生粉50 g，味精2 g，胡椒粉1.5 g，白芝麻60 g，葱10 g，姜15 g，精制油。

操作步骤

步骤1 用斩刀片去青鱼中段的龙骨，换片刀去皮取肉并将其切成 2 cm 见方的条，如图 4-56 所示，加料酒、精盐、味精、胡椒粉、鸡蛋腌渍 5 分钟，如图 4-57 所示。

步骤2 将葱、姜拍碎，加水调制成葱姜汁；向腌渍后的鱼条中加入葱姜汁和生粉挂糊，如图 4-58 所示；将鱼条逐条滚上白芝麻，如图 4-59 所示。

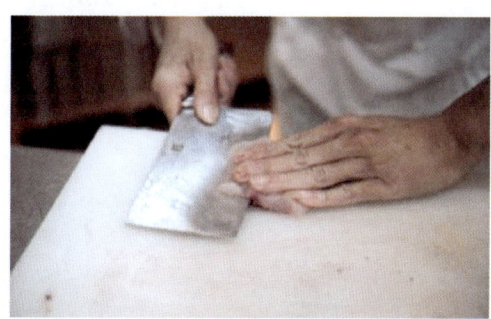

图 4-58　挂糊

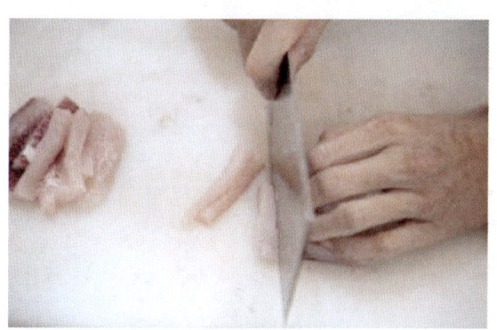

图 4-56　改刀成条

图 4-59　滚上白芝麻

步骤3 将炒锅置于旺火上，加精制油烧至五成热，将鱼条逐一投入油锅，如图 4-60 所示，待表皮结壳后，改小火再炸 1 分钟捞起。

步骤4 将油锅继续加热至七成热，将鱼条投入油锅复炸，如图 4-61 所示，之后倒在漏勺上沥油。

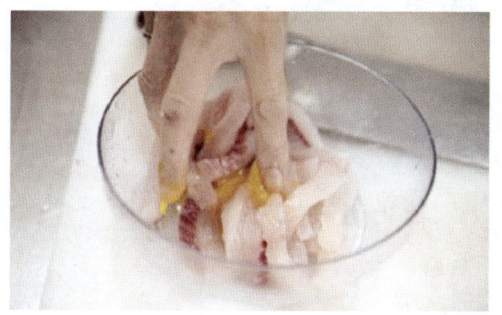

图 4-57　腌渍

图 4-60 炸制成形

图 4-61 复炸

步骤 5 将炸好的鱼条整齐叠排在盘中。

质量指标

1. 色泽浅黄，条形一致。
2. 质感外脆里嫩。
3. 口味咸鲜适中。
4. 香气浓郁。
5. 装盘饱满美观。

汤类菜肴

成都蛋汤

操作准备

工具准备

（1）塑料砧板1块。
（2）片刀1把。
（3）手勺1把。
（4）筷子1双。
（5）品锅1只。

原料准备

主、辅料

鸡蛋2个，水发黑木耳15 g，笋25 g，小菜心25 g。

调料

料酒10 mL，精盐5 g，味精2 g，胡椒粉1 g，精制油。

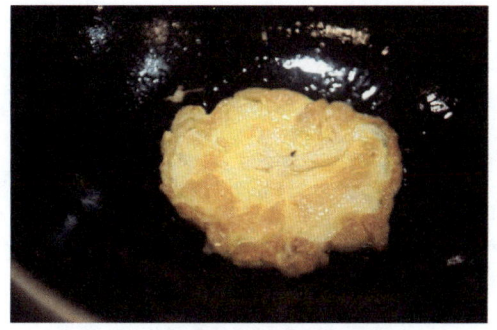

图4-62　两面煎成蟹壳黄色

步骤3　加盖，用旺火煮3~5分钟；开盖，放入黑木耳、笋片烧开，如图4-63所示；起锅前放入小菜心、精盐（4 g）、味精、胡椒粉，如图4-64所示；待小菜心稍软后就可出锅装入盛器中。

图4-63　放入黑木耳、笋片烧开

操作步骤

步骤1　将鸡蛋敲入碗中，放精盐（1 g），用筷子打匀；将水发黑木耳摘成小朵；笋切成片；将小菜心头削尖、开十字，长短修齐。

步骤2　将炒锅烧热，滑油后留余油，将鸡蛋液倒入，两面煎成蟹壳黄色，如图4-62所示，保持蛋质松软，用手勺将蛋饼分成四块，烹料酒，加热水。

图4-64　加入小菜心及调料

三片汤

质量指标

1. 汤汁色泽浓白。
2. 蛋块质感松香。
3. 口味咸鲜适口。
4. 装盆八分满。

操作准备

工具准备

（1）塑料砧板1块。
（2）片刀1把。
（3）手勺1把。
（4）漏勺1把。
（5）品锅1只。
（6）厨房用纸若干。

原料准备

主、辅料

青鱼中段（净肉）50 g，鸡脯肉 50 g，鸡肫 50 g，豆苗 15 g，1 个鸡蛋的蛋清。

调料

料酒 10 mL，精盐 5 g，生粉 20 g，味精 2 g，胡椒粉 1 g，清汤 750 mL，精制油。

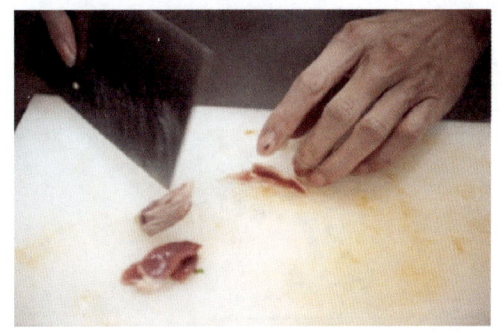

图 4-65　改刀

操作步骤

步骤 1　将青鱼肉中段片成 5 cm 长、3 cm 宽的片；将鸡脯肉片成 5 cm 长、2 cm 宽的片；将鸡肫去皮、去底，也片成薄片，如图 4-65 所示。用流动水漂去"三片"的血水。

步骤 2　用厨房用纸吸干"三片"上的水分，加料酒、精盐（2 g）、鸡蛋清、生粉上蛋清浆。

步骤 3　将炒锅置于旺火上，加清汤烧开后，将"三片"逐一下锅氽熟，之后捞出，如图 4-66 所示，放入品锅中，撇去锅内汤的浮沫，放精盐（3 g）、味精、胡椒粉调味。

步骤 4　向锅中撒上豆苗，淋少许明油，再将汤连豆苗一起装入品锅中。

中式烹饪基础

图 4-66　汆熟捞出

质量指标

1. 汤色清澈。
2. 质感嫩爽。
3. 口味咸鲜适口。
4. 装盆八分满。

榨菜肉丝汤

操作准备

工具准备

（1）塑料砧板 1 块。
（2）片刀 1 把。
（3）手勺 1 把。
（4）漏勺 1 把。
（5）品锅 1 只。
（6）厨房用纸若干。

原料准备

主、辅料

榨菜 50 g，猪肉 25 g，鸡蛋 1 个。

调料

料酒 5 mL，精盐 3 g，生粉 5 g，味精 2 g，葱 5 g，鲜汤 750 mL，精制油。

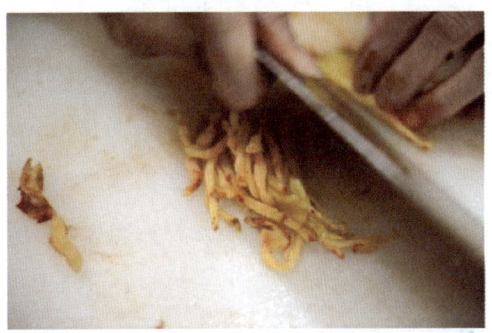
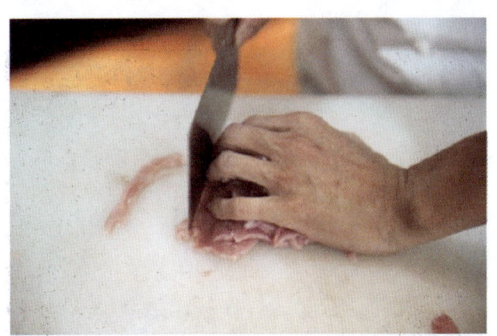

图 4-67　将榨菜、猪肉改刀

操作步骤

步骤 1　将榨菜切成 5 cm 长的丝，猪肉切成 7 cm 长、0.25 cm 粗的丝，如图 4-67 所示；切葱花，将鸡蛋打匀。

步骤 2　用水漂去肉丝的血水，用厨房用纸吸干其表面水分，加料酒（1 mL）、精盐（1 g）、鸡蛋清（2 g）、生粉搅匀，如图 4-68 所示。

图 4-68　给肉丝上浆

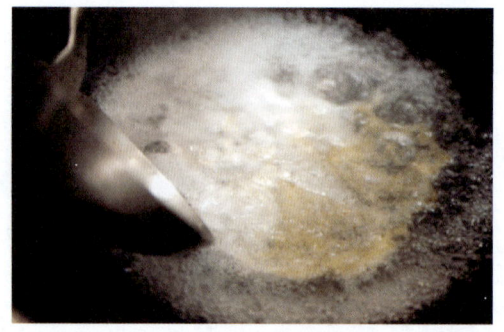

图 4-70　撇去浮沫

步骤 3　将炒锅置于旺火上,加鲜汤烧开后,将肉丝、榨菜丝下锅汆熟,如图 4-69 所示,之后捞出放入品锅中;撇去锅内汤的浮沫,如图 4-70 所示,放料酒(4 mL)、精盐(2 g)、味精调味。

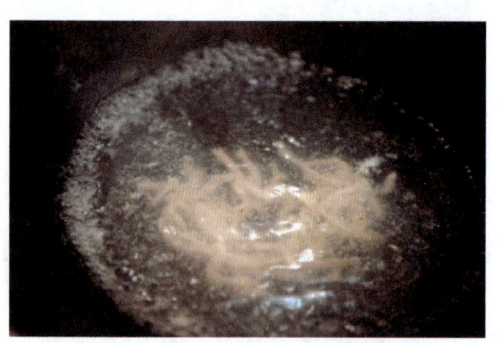

图 4-69　将肉丝、榨菜丝汆熟

步骤 4　烧开后,用手勺顺时针转动汤,然后改微火,将蛋液逆时针淋入,利用水旋转的力道使蛋液飘出绸缎状形态,淋少许明油,撒葱花装盆。

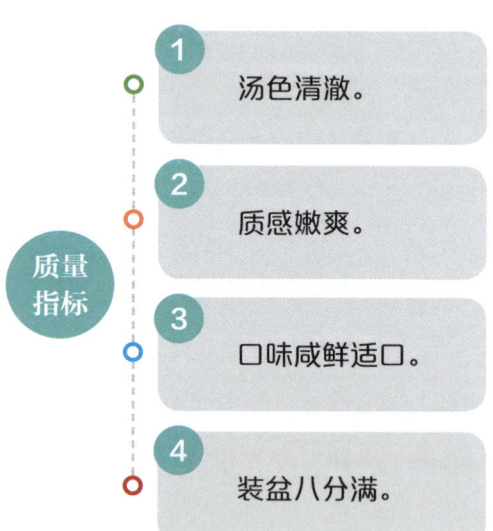

质量指标

1. 汤色清澈。
2. 质感嫩爽。
3. 口味咸鲜适口。
4. 装盆八分满。

酸辣汤

操作准备

工具准备

（1）塑料砧板1块。
（2）片刀1把。
（3）手勺1把。
（4）漏勺1把。
（5）品锅1只。
（6）厨房用纸若干。

原料准备

主、辅料

内酯豆腐75 g，鸡鸭血75 g，猪肉30 g，鸡蛋1个，水发香菇10 g，冬笋10 g。

调料

料酒5 mL，精盐3 g，老抽2 mL，米醋35 mL，味精2 g，胡椒粉6 g，生粉2 g，麻油3 mL，葱5 g，鲜汤750 mL，精制油。

操作步骤

步骤1 将内酯豆腐和鸡鸭血分别切成5 cm长、0.2 cm粗的丝，猪肉切成7 cm长、0.25 cm粗的丝，如图4-71所示；切葱花，将鸡蛋打匀。

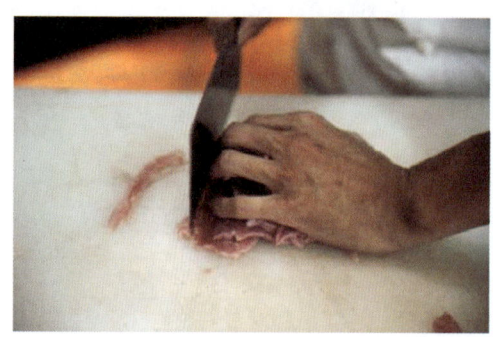

图4-71 改刀成丝

步骤2 将肉丝用水漂去血水，并吸干其表面水分，加料酒（1 mL）、精盐（1 g）、鸡蛋清（2 g）、生粉，上蛋清浆；将冬笋冷水焯水后切成丝；将水发香菇切成丝。

步骤3 将炒锅置于旺火上，加冷水，下豆腐丝和鸡鸭血丝焯水，如图4-72所示，捞出用清水漂净；向品锅内放米醋、胡椒粉、葱花和麻油待用。

图4-72 入冷水锅焯水

步骤4 锅内放鲜汤，烧开后放肉丝、笋丝、香菇丝、豆腐丝和鸡鸭血丝，如图4-73所示，烧开后撇去浮沫，如图4-74所示，放料酒（4 mL）、精盐（2 g）、老抽、味精，勾米汤芡，淋蛋液成片状，如图4-75所示，装入品锅后搅匀。

图4-73 下主、辅料

图 4-74　撇去浮沫

图 4-75　淋蛋液

质量指标

1. 汤色棕红，蛋衣呈片状。
2. 质感嫩爽。
3. 口味咸鲜可口，酸辣适中。
4. 装盆八分满。

肉丝豆腐羹

操作准备

工具准备

（1）塑料砧板1块。
（2）片刀1把。
（3）手勺1把。
（4）漏勺1把。
（5）品锅1只。
（6）厨房用纸若干。

原料准备

主、辅料

绢豆腐1盒，猪肉75 g。

调料

料酒5 mL，精盐3 g，生粉1 g，鸡蛋清2 g，味精2 g，胡椒粉1 g，鲜汤750 mL，水淀粉30 mL，精制油。

操作步骤

步骤1 将绢豆腐切成1.5 cm见方的丁，猪肉切成7 cm长、0.25 cm粗的丝。

步骤2 将肉丝用水漂清，吸干其表面水分，加料酒（1 mL）、精盐（1 g）、鸡蛋清、生粉，上蛋清浆。

步骤3 将炒锅置于旺火上，加冷水，下豆腐丁焯水捞出，用清水漂干净待用。

步骤4 锅内放鲜汤，烧开后放肉丝、豆腐丁，如图4-76所示，烧开后撇去浮沫，如图4-77所示，放料酒（4 mL）、精盐（2 g）、味精、胡椒粉，勾芡，淋上明油装盆。

图4-76　放肉丝、豆腐丁

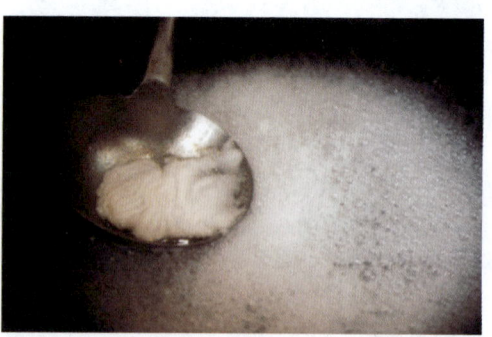

图4-77　撇去浮沫

质量指标

1. 汤汁清透、厚重。
2. 质感嫩爽。
3. 口味咸鲜。
4. 装盆八分满。

练习与检测

一、判断题（将判断结果填入括号中，正确的填"√"，错误的填"×"）

1. 大部分菜肴烹制时采用旋锅或小翻锅技法。（　　）
2. 翻锅技术功底的深浅可直接影响菜肴质量的好坏。（　　）
3. 油温为 60～100 ℃时，无青烟，油面平静，有泡沫，无响声，放入原料后边沿有少量气泡。（　　）
4. 油脂含有人体不可缺少的营养素，又是烹饪和食品加工中的重要原料。（　　）
5. 质量差的油脂在加热温度不高时就会冒烟，会影响食物的风味和菜肴的质量，还会影响食物的营养。（　　）

二、单项选择题（选择一个正确的答案，将相应的字母填入题内的括号中）

1. 制作汆汤类菜肴时，多选用软嫩的主料，将其切成薄片汆汤，口味（　　）。
   A. 以咸为主　　　　　　　　B. 清淡无味
   C. 新鲜爽口　　　　　　　　D. 酸辣适中

2. 烧类菜肴勾芡后，由于淀粉的糊化作用，菜肴成品（　　）。
   A. 卤汁浓度提高　　　　　　B. 汤菜口味稀释
   C. 滋味减少　　　　　　　　D. 色泽度降低

3. 旺油锅会出现大量青烟，油面平静，无泡沫，搅拌时有响声，放入原料后周围出现大量气泡并有轻微爆炸声。旺油锅的油温是（　　）℃。
   A. 150～180　　　　　　　　B. 90～120
   C. 60～100　　　　　　　　D. 210～240

4. 大翻锅的幅度大，除拉动作外，其他动作包括（　　）。
   A. 送、扬、托　　　　　　　B. 送、接、托
   C. 送、拉、托　　　　　　　D. 送、扬、接

5. 一般情况下，五至六成油温的温度为（　　）℃。
   A. 50～80　　B. 120～150　　C. 90～120　　D. 150～180

参考答案

一、判断题

1. √   2. √   3. ×   4. √   5. √

二、单项选择题

1. C   2. A   3. D   4. D   5. D